これは、新型コロナウイルス感染拡大を受けて、
2020年2月27日(木)に政府から発表された
「3月2日から全国の小中高校の一斉休校」という過去に例のない方針の中で、
戸惑いながらedumapを導入した、とある学校の話である。
Motojiro Oshikiri
校長
押切 基次郎
副校長
白鳥 真理
Mari Shiratori
Sora Kazama
教諭
風間 宙
2月28日(金) 栗矢第一小学校の職員室
はい、3月2日から休校で…
卒業式は現在検討中でして…
プルルルル
プルルルル
どうしよう……
電話が鳴りっぱなし。
プル
ル
ちょっと
いいかね?
プルルルル
校長室
参ったなぁ……
こんなこと初めてだよ…
ずーーん
教育委員会も混乱しているようで、
『もう少し待ってくれ』ばかり……
一斉メールでは大した内容は送れないし、
新小学1年生の保護者には送れないし。
ずず〜〜〜〜〜〜ん
至急連絡しないといけないのに…
日々情報が変わりますしね……
それなら!
学校ウェブサイトを
活用したらどうですか?
ピコーン
ホームページのこと?
ダメだよ〜。担当していた先生が
異動になってから、更新が止まってる。
誰も中身がわからないから。
えっと、僕の前任校の
葱田第三小学校は edumap
使ってたから、簡単に更新できましたよ。
教員
見やすいわー
更新
保護者
エデュマップ
edumap?

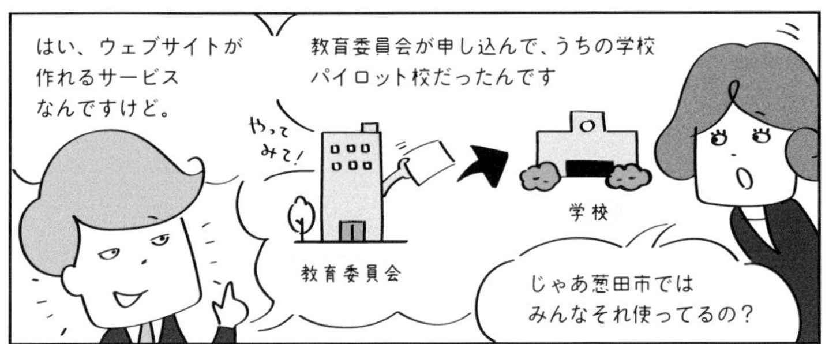

edumapの一番いいのはそこなんですよ。パソコン用のサイトを作ると、そのままスマホ用のサイトにもなっちゃうんです。

作成

できてる!!

おぉ〜!!

## ＼＼ たった４日でここまでできた！ ／／

QRコードを読み取って実際のウェブサイトを見てみよう！

クリヤシリツクリヤダイイチショウガッコウ
# 栗矢市立栗矢第一小学校

一番大切なお知らせ。
これができたときは
安心したな～

お知らせ

**臨時休校について**

新型コロナウィルスの感染拡大を受けて、緊急事態宣言が発令されています。

<u>栗矢第一小学校では、３月２日から春休みまで臨時休校しています。</u>

卒業式、修了式、学童保育等については、随時本サイトの「学校からのお知らせ」でお伝えします。学校行事の変更については「今月の予定」のページのカレンダーでお知らせします。

休校中の過ごし方等、児童へのメッセージは「学校ブログ」に掲載します。

本サイトはパソコン、スマートフォンでアクセスできます。こまめに更新情報をチェックしてください。

To view this website in a language other than Japanese, we recommend you to use Google Translate extension on Chrome.

### 学校ブログ

全ての記事 ▾　10件 ▾

休校に伴う児童の受け入れについて

投稿日時：03/02　栗矢一小教職員

今日は低学年の児童35人の受け入れを行いました。普段はお友達とはしゃぐ子どもたちですが、今日は我慢。席の間隔をあけ、空気の入れ替えを行いながら、静かに自習をしました✏静かに自習出来て偉いね

👍0

ブログの記事も
最近はスマホから
ＵＰしてますよ！

学校の予定も
カレンダーで
一目瞭然！

### 学校だより

学校だより ＞ 令和元年度

| 学校だより | 名前 |
| --- | --- |
| ∨ 令和元年度 | ⬆一つ上へ |
| 3月度 | 3月度 |

おたよりやあいさつも
以前よりずいぶん
見やすくなった。

### 校長あいさつ

本校ウェブサイトをご覧いただきありがとうございます。この度、学校からの速やかな情報発信と持続可能な情報発信を可能とするべく、edumapによる学校ウェブサイトを開設いたしました。日々、子どもたちの様子も発信してまいりますので、是非ご覧ください。

さて、栗矢第一小学校は、昭和５年に開校し、令和の始まりの年である昨年、創立９０周年を迎えました。本校は、地域の中核校として永く伝統を受け継ぎ、地域の皆様に支えられながら地域と共に歩んできた小学校です。時代は大きな変革期を迎えておりますが、今までの伝統を礎に、これからの新時代を逞しく生きるべく、子どもたちはさらに歩んでまいります。子どもたちは、地域の希望、そして未来を担う希望です。私達教職員は、子どもたち一人一人の持てる力を信じ、その力を伸ばし育てるため、一丸となって教育活動を充実させ、魅力ある学校づくりを目指してまいります。

今後とも、保護者の皆様、地域の皆様のご理解ご協力ご支援をどうぞよろしくお願いいたします。

このウェブサイトができるまでを
見ていきましょう！ ＞

edumap公式マニュアル

IT超初心者のための

# edumap 活用スピードガイド

[監修]
一般社団法人
教育のための科学研究所

[編著]
新井紀子

[共著]
合田敬子
目黒朋子

近代科学社

# 目次

## 第 1 章　edumap の基本操作

## 第２章　セッティングモード ON ！



## 第３章　問い合わせ・有償サービスを利用する

# 第1章　edumapの基本操作

## 1.　1日目（2月28日　金曜日）

### ◎ edumapの概要を知る。

それにしても、edumapって便利なのね。全然知らなかった。

でしょ？ 僕も前の学校で初めて知ったんです。SNS世代にとってはすごく操作がわかりやすくて。最初は尻込みしていた同僚も多かったんですけど、実際に使ってみると、ほとんどの人が「簡単だね！」って。しかも無料ってすごくないですか？

2000年から2010年ごろまでの学校ウェブサイトは、「ホームページ・ビルダー」というソフトを使ってプログラミングが得意な教員が構築をし、その内容を校長先生が承認をし、教育委員会のウェブサーバに掲載してくれるように依頼をする方法が主流でした。しかし、ホームページ・ビルダーで構築された学校ウェブサイトには、次のような問題がありました。（1）情報が学校ウェブサイトに反映されるまでに時間がかかる、（2）プログラミングのノウハウがある限られた先生しか学校ウェブサイトを編集・管理できない、（3）学校ウェブサイト管理者間で引継ぎがスムーズにいかないと、次の担当者が編集・管理できない、などです。特に、近年課題となっているのが、（4）スマートフォンでは見づらい、という点でしょう。一方、edumapでは、「レスポンシブデザイン」を導入しているため、スマートフォンでも無理なく閲覧することができるのです。

**edumapは、学校向けウェブサイト無償提供サービスです。**汎用的読解力を測る**「リーディングスキルテスト」（RST）を提供している一般社団法人「教育のための科学研究所」**が、日本を代表するIT企業である「NTTデータ[1]」と、同様に日本を代表するクラウドサービス事業者である「さくらインターネット[2]」から協力を得て、原則無償で学校等[3]

1　株式会社NTTデータは、行政や金融サービス、電気・ガス、eコマースなど、幅広い分野において、ITを用いた新たな「しくみ」を創造し、社会や組織の発展をサポートしています。現在、グループ全体で10万人を超える社員が、世界50以上の国と地域、200を超える都市においてサービスを展開しています。

2　さくらインターネット株式会社は、"「やりたいこと」を「できる」に変える"をコーポレートスローガンに掲げ、データセンター事業・クラウド事業を中心に高品質かつ多様なインターネットインフラサービスを提供しています。「edumap」では、各教育機関の情報を安心・安全にやり取りできるインフラを提供しています。

3　学校教育法に基づき日本国内に設置された学校のうち大学および高等専門学校を除くもの（幼稚園、小学校、中学校、義務教育学校、高等学校、中等教育学校および特別支援学校のほか、これらに準じるインターナショナルスクールなど学校教育法に基づき設置された各種学校を含みます）、児童福祉法に規定する保育所および「就学前の子どもに関する教育、保育等の総合的な提供の推進に関する法律」に規定する認定こども園をいいます。

にウェブサイトの構築・提供を行っています。

でも、これから作って間に合うかな。葱田第三小学校のウェブサイトができあがるのにどれくらいかかったの？

それが、すぐできるんですよ。慣れたら２、３日です。

この章の後半で紹介しますが、edumapの学校ウェブサイトを利用するまでには、

１．（教育委員会などによる）edumapのユーザ登録申請

２．ユーザ審査・承認

３．（教育委員会などによる）学校ウェブサイトの構築申請

４．学校ウェブサイト構築申請審査・承認・ウェブサイト構築

の四つのステップが必要です。２の「ユーザ審査・承認」は「教育のための科学研究所」の事務局が行うため、数日かかります。一方、４について、学校ウェブサイト構築は半自動化されているため、学校ウェブサイト構築承認が終われば構築までは３分程度しかかかりません。

３分でウェブサイト構築!?　カップ麺みたい。

今回は校長が先に教育委員会にも話を通しておいてくれたから、あと少しですね。IDとパスワードが送られてきたらすぐに作業にかかれますよ。

「申込み」の節で解説しますが、edumapでは教育委員会や学校法人、社会福祉法人がユーザ登録申請をし、その上で、所管している学校ウェブサイトの構築を依頼することが想定されています[4]。**edumapを活用したい公立学校は教育委員会に、私立学校や幼稚園・保育園は学校法人や社会福祉法人にまず相談をしてください。**

教育委員会に、葱田市が使っているといったらすぐに調べてくれたんだ。実は他校からも「ホームページ・ビルダーは早くやめて“シー・エム・エス”を使わせてくれ」という要望が集まっているようだ。教育委員会はすぐに申請をすると言ってくれたよ。ところで、「シー・エム・エス」って、なにかね？

……（ググる）……CMS（コンテンツ・マネージメント・システム）は「ウェブコンテンツを構成するテキストや画像などのデジタルコンテンツを統

4　何らかの事情があり、教育委員会として申し込むことが難しい場合には、校長を代表として学校単独で申し込むこともできます。

合・体系的に管理し、配信など必要な処理を行うシステムの総称」だそうです。

どういう意味？

2000年代中頃に入ると、コンテンツ・マネージメント・システム（CMS）と呼ばれるウェブサイト管理ソフトが出回りだします。CMSとは、コンテンツ（ウェブ上で公開する素材）をマネージメント（管理）するためのソフトウェアです。CMSは、ブログやSNSを使える人であれば、特殊なプログラミング能力がなくても情報を発信できるという意味で画期的なものでした。edumapが基盤として採用したNetCommonsもCMSの一つです。NetCommonsは日本の教育機関向けに特化して開発されたので、「デジカメやWordを使いこなせる先生であれば、だれでも直感的に利用できる」と評判になり、日本の学校で最もよく使われるCMSになりました。

CMSはホームページ・ビルダーに比べると、利用する学校の負担が少ない一方で、教育委員会には、サーバを準備した上で、CMSをサーバにインストールし、保守管理をする手間や費用がかかります。そこで、**edumapでは、教育委員会に代わって、一般社団法人「教育のための科学研究所」がサーバを準備し、CMSをインストールした上で、保守管理をするだけでなく、保護者からの大量アクセスに耐えられるよう様々な技術的な工夫をした上で、学校等の教育機関に限って無償で提供しています。**

操作性はFacebookやTwitterに似た感じなんですけど、SNSみたいに「友だちとつながる」みたいな使い方ではないんですよ。

それじゃ、FacebookやTwitterができるレベルの人でも使いこなせるっていうこと？ プログラミングの技術がなくても？

そうですね。

だとしたら、うちの教員のほぼ全員が使いこなせるじゃない！

でも……僕はFacebookとかTwitterとかやらないからなぁ。

大丈夫ですよ！ 校長先生は僕のような教員が書いた情報を「承認」すればいいだけですから。

「承認」？

はい。前の学校では、校長先生と副校長先生が承認を行う決裁権限を持っていました。僕らが学校ウェブサイトに記事を書いたりするとその記事はいったん「承認待ち」という状態になるんです。校長先生か副校長先生が内容をチェックして、OKであれば「承認」ボタンを押す。すると初めて外部の人から見えるようになるんです。

edumapでは、「ワークフロー」という仕組みを導入しています。標準設定で学校ウェブサイト構築を申請すると、校長には「ルーム管理者」、副校長には「編集長」、そして情報担当者には「編集者」という権限が付与されます。「編集者」には、ブログ記事を書く程度の権限しか与えられていません。しかも、「編集者」が記事を書くだけでは外部から見える状態にはなりません。校長か副校長が「承認」することで初めて外部に公開されるようになるため、安全にウェブサイトが構築できます。

edumapの基盤となっているNetCommonsを教育機関に15年間提供してきた経験から、学校で利用する上で最も都合がよいようにedumapの標準設定は考えられています。**最初は「セッティングモード」は触らずに、標準設定のまま安全運転で使いましょう。**

### 1日目の夜

簡単だって言ってたけれど、本当に使いこなせるのかな。うまくいかなかったら、余計に保護者や子どもたちを混乱させちゃう……明日に備えて、葱田三小のウェブサイト、もう一度確認しておこう。
「学校からのお知らせ」には重要なお知らせがあって、「今月の予定」はカレンダー形式になってるのね。「学校ブログ」や「学校だより」もある……、感染防止対策のようなことは「学校からのお知らせ」に書くのかな？ 葱田三小ではPDFファイルにして「学校だより」に置いてるのね……。

## 1日目のまとめ

- edumapではプログラミングの技術がなくても、簡単・安全に学校ウェブサイトを作ることができる。
- 「ワークフロー」という仕組みによって、しかるべき人の承認を経た記事しか公開されないようになっている。
- まずは標準設定のまま、使ってみる。

## 2.　2日目（2月29日　土曜日）

◉ パスワードを変更する。
◉「校章・カバー画像」を変更する。
◉「学校からのお知らせ」を作成する。



教育委員会からメールが届いたぞ。「学校ウェブサイトが構築されました」って！

やったぁ！

早速、アクセスしてみますね。URLは、
https://kuriya1sho.edumap.jp/
か。教育委員会が考えてくれたんですね。なかなかいいセンス。短くてわかりやすい。葱田三小はhttps://negita-daisan-elementary-school.edumap.jp/で長すぎて、保護者から不評だったんですよ。URL打ち間違えるって。

edumapを利用する学校のURLは「○○○.edumap.jp」のような形式になります。○○○部分にあたる「サブドメイン名」を教育委員会や学校は自由に決めることができます。市区町村とその学校を他と区別できて、しかも保護者が覚えやすい短いサブドメインを考えるとよいでしょう。サブドメインの取得は早いもの順です。**短くわかりやすいサブドメインは人気がありますから、edumapに早めに申請すると有利です。**

 おお！本当に学校ウェブサイトが、できている。カップ麺みたいに！

 で、どうするんだっけ？

 教育委員会から校長先生に、三つ ID が送られてきたはずですよ。

教育委員会が edumap に構築申請をし、学校ウェブサイトを構築した場合には最大で四つの ID が発行されます。一つ目は教育委員会の担当者がこの学校ウェブサイトを管理したり、緊急で所管している学校ウェブサイトに情報を書き込む必要がある場合に使う ID です。たとえば、学校そのものが被災して、校長らに連絡が取れないような状況下で、保護者に緊急で連絡を取らなければならない場合や不祥事対応の際に使います。また、学校が廃校になった後しばらく学校ウェブサイトだけ運用したい場合などにも教育委員会の ID があると安心です。

残りの三つのIDとパスワードは教育委員会から校長に対して、学校ウェブサイトを管理するために送られます。一つ目は校長が使う「ルーム管理者」のID、二つ目は副校長が使うことを想定した「編集長」のID、三つ目は情報担当の先生用の「編集者」のIDです。

ちなみに、教育委員会はedumapにログインし、管理画面から、所管している学校のIDとパスワードを変更できます。年度末の異動の際に、IDやパスワードがわからなくなってしまった、担当者のメールが不通になってしまった、などというトラブルが発生することもあります。このようなとき、教育委員会が管理できると便利なのです。

では、さっそくログインしてみよう。え、ええっ、ログインできないぞ！どういうことだ！

校長先生、キーボードが全角になっていませんか？

あ、そうだった。いかん、いかん。

IDとパスワードは半角英数字、記号の組み合わせになっています。教育委員会から届いたIDを手入力しようとすると、全角で入力してしまったり、打ち間違えたりしてしまいますので、コピー&ペーストで入力しましょう。ただし、このときに誤って余計な空白を入れたりするとログインできませんから、気をつけましょう。

## パスワードを変更する

IDとパスワードが届いたら、できるだけ早くログインし、パスワードを変更しておきましょう。特に校長用と副校長用には、あとから説明するように、「承認」という記事の決裁権限がありますから、パスワードを他の人に知られている状態で放置するのはセキュリティ上、よくありません。

まずは、パスワードを変更するため、ログインし、ウェブサイト上部に表示される自分の「ハンドル」をクリックしましょう。

すると、次のような「ポップアップ画面」が表示されます。

上部の 編集 をクリックします。

この画面で、現在のパスワードを入力した上で、新しいパスワードを入力します。edumapではパスワードには半角英数字、記号（スペースは不可）が使えます。必ず10文字以上で設定してください。その上で、英字の大文字・小文字、数字、記号の4種類すべてを少なくとも1文字以上含めたパスワードを設定します。

また、「承認」が必要な記事が投稿された場合など、edumapからメールが自動送信されるので、eメールに加え携帯メールを入力しておくとフレキシブルな対応ができ便利です。ただし、プライベートな情報は非公開設定にすることをお忘れなく。

 無事にログインして、パスワードも変更できた！

 それじゃあ、ウェブサイトでの情報発信は、当面、白鳥先生と風間先生に任せていいかな。白鳥先生は「編集長」だからね、承認権限があるようだし。僕は今日もてんてこ舞いで……。

 はい！

 携帯メールアドレスも設定したし、次は、どのような情報を学校ウェブサイトで発信するか、検討するワーキンググループを立ち上げましょう。

 白鳥先生、それ、やめたほうがいいですよ。

 なぜ？

 edumapは走りながら考える情報発信に向いているんです。ビルダーで作るときは、「全体設計をしっかり行って、すべてのコンテンツを揃えてから公開」ですよね。でも、edumapは「どんな情報を、誰に向けて、どういう形式で発信するか」だけ決めたら、あとは状況に応じて情報発信したほうがうまくいくんです。

 そうなの？

 葱田三小では、最初に考えたのが、書道の先生に校歌を書いてもらって、児童が歌う校歌をウェブサイトから流す、だったんですよ。でも、そのページ全然話題にならなくて。それより、消防訓練のブログ記事のアクセスはすごかったです。校庭で消火器を使って実際に消火体験をする、という写真がついた短い記事だったんですけど。翌週の保護者会のとき、「副校長先生のブログ楽しみにしています」とか「夕ごはんのとき、消火訓練の話で盛り上がりました」と大評判だったんですよ。それからは、“今”保護者がすぐに知りたい情報を発信しよう、ということになりました。写真入りの給食の記事は、毎回「いいね！」が多かったですね。

 校歌より消防訓練と給食……目からうろこだわ。学校側だけで考えるよ

り、保護者が今知りたい情報を、タイムリーに発信することが何より重要なのね。

保護者がSNS世代ですから。アクセス数を見ていると、朝と夕方が多いんですよね。朝は緊急連絡と今日の予定の確認をするんでしょう。夕方は、今日学校で何があったかを確認するんだと思います。

あ！ それに、給食と夜の献立がかぶると困るから、給食写真をチェックしているのかも。記事執筆の分担はどうしていたの？

公的な情報を発信する「学校からのお知らせ」は校長が担当していました。副校長と僕が「学校ブログ」で日々のあれこれを発信する係。副校長は「学校だより」におたより類をアップしていましたね。あと「今月の予定」は僕が入力していました。「特色ある教育活動」とか「いじめ防止基本指針」も僕に任されたんですが、元からWordのファイルがあったので、コピペすればあとは更新する必要はないので楽勝でした。
意外と大変だったのは、学校沿革かな。なんと学校沿革が紙でしか保存されていなかったんですよ！ このデジタル時代に!! コピペできないから一行一行写したんです。写経の心境ですよ。写真撮って画像でアップしようかと思ったくらいです。

edumapでは、学校の情報発信をするために、「アクセスカウンター」のような小さなものも含めると全部で24の機能を提供しています。この機能のことを「プラグイン」と呼びます。この24のプラグインのうち、四つの使い方さえマスターすれば、平時の情報発信は十分であるように標準設定をした上で、提供しています。**第1章ではこの四つのプラグインの使い方だけマスターしましょう。**

一つ目は「ブログ」プラグインです。これは、学校ウェブサイトにアクセスした際に最初に表示されるページに配置されている「学校からのお知らせ」と、「学校ブログ」に用いられています。同じプラグインを使用していますから、この二つの編集の仕方は同じです。「学校からのお知らせ」には、ぜひとも保護者に急いで伝えなければならない公的なお知らせを書き、「学校ブログ」には今日学校で起こったことを写真入りで、教職員目線で発信する、というように使い分けましょう。

二つ目は「お知らせ」プラグインです。標準設定では、「校長あいさつ」「特色ある教育活動」「いじめ防止基本方針」「学校行事」にこの「お知らせ」プラグインが配置されています。Wordと同様の方法で、編集することができます。ページ内の特定の場所にお知らせしたい内容を書くのに便利です。ただし、第２章で説明するように、「お知らせ」プラグインはいつも同じ場所に同じ情報が固定されます。日々アクセスしてくる保護者が目障りに感じることもあるので使い方に注意が必要です。

三つ目は「キャビネット」プラグインです。標準設定では、「学校だより」というページに配置されています。パソコンのフォルダと同じ仕組みですから、「年度」フォルダを最初に作り、その下に月別、または「学校だより」「学年だより」「保健だより」など、目的別にフォルダを作り、整理するとよいでしょう。ダウンロードの回数が表示されますから、保護者がどの程度ダウンロードしているか把握できます。

四つ目は、「カレンダー」プラグインです。標準設定では、「今月の予定」というページに配置されています。「今月の予定」で毎日最新の情報を確認するようにあらかじめ保護者に伝えておくと、混乱なく最新情報を伝達できます。

休校に関する情報は、公的な情報だから「学校からのお知らせ」に書くべきね。

子どもたちや保護者へのメッセージは、写真入りで「学校ブログ」に載せましょう。

私は「学校からのお知らせ」を作るから、風間先生、とりあえず３月と４月の行事予定を「今月の予定」に入れて。変更が決まったら、どんどん修正していきましょう。

了解です！ あ、その前にウェブサイトのヘッダー部分にある校章を変えませんか？ このままだと、栗矢第一小学校のサイトだということが保護者にわかりませんから。

## 「校章・カバー画像」を変更する

校章と学校名は、「お知らせ」プラグインを使って表示されています。「お知らせ」プラグインを編集しましょう。

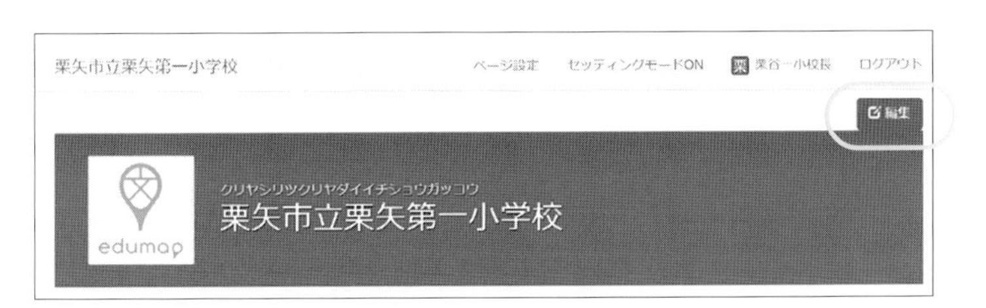

「編集長」か「ルーム管理者」の権限でログインし、上部のバナー（校章と学校名が書いてある部分）の右上の 編集 をクリックします。

すると、上のようなエディタ（編集画面）が表示されます。校章の下にある ファイルを選択 をクリックし、校章の画像ファイルを選択しましょう。

ファイル選択画面から、ファイルの保存場所を指定すればいいのね。

はい、edumap ではどのプラグインを使うときも、画像をアップロードするには同じようにすればいいんですよ。

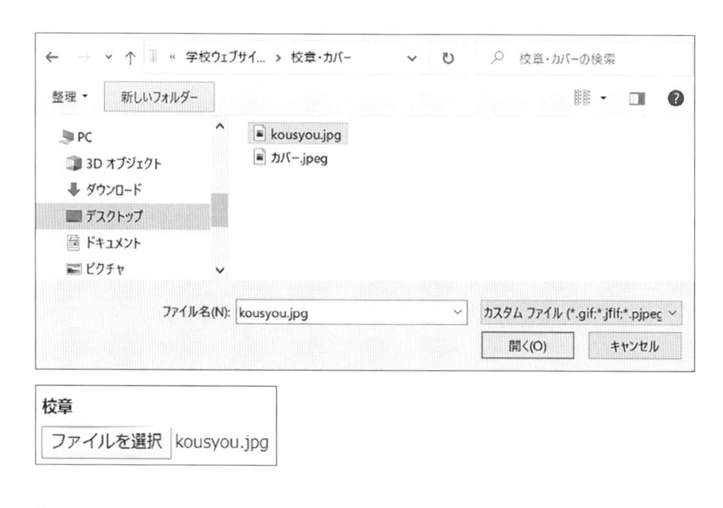


校章

ファイルを選択 kousyou.jpg

このように、表示されているファイル名が自分が選んだものかどうか確認してから、

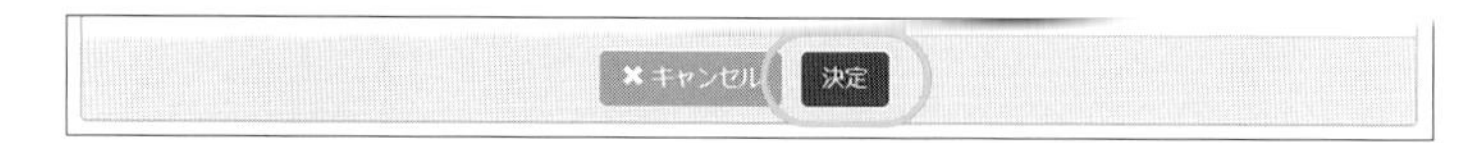


ページの一番下にある 決定 をクリックします。

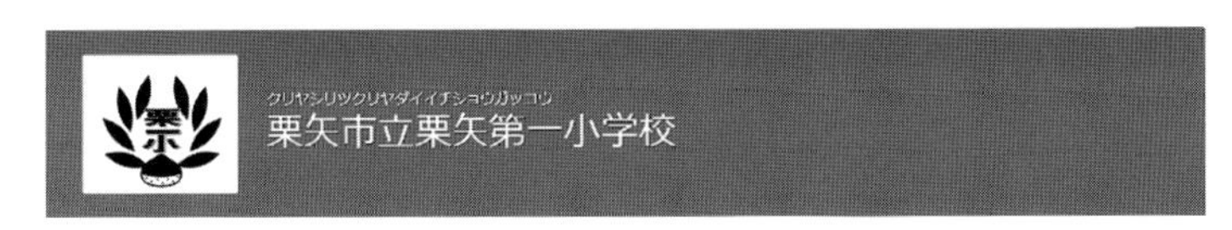


一気に栗矢一小っぽくなった！

ついでに、カバーも変えちゃいましょうか。

校章と同じようにすればいいのよね？

右上にある 編集 をクリックします。

カバー写真の下にある ファイルを選択 をクリックします。

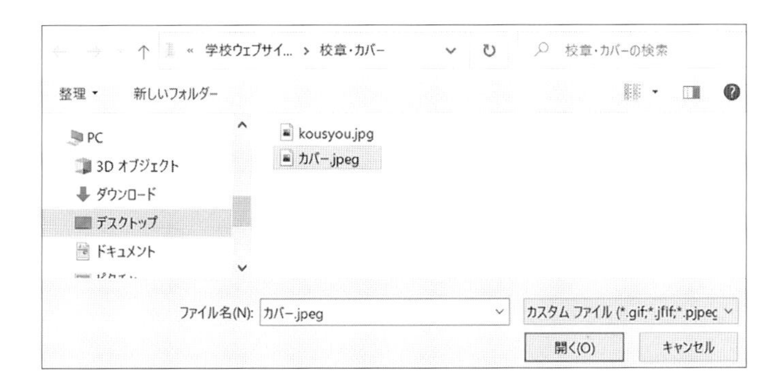


先ほどと同様に、ファイルの保存場所を指定し、

✖キャンセル　決定

画面の一番下にある 決定 をクリックします。

第1章

あれ？ こんな画像じゃなかったんだけどな……。

画像のサイズ、確認しました？ 校章やカバーに設定できる画像のサイズ、決まってるんですよ。ほら。

- 校章・・・横100px～150px、縦100px～150px
- カバー写真・・・横1200px、縦180px

サイズ、直しちゃいますね。

ありがとう。サイズを直してもらったらアップロードし直さなきゃね。

画像を入れ替えたいときも、先ほどの 編集 をクリックします。

編集画面から、「カバー写真」の下にある、削除したい画像にチェックを入れます。

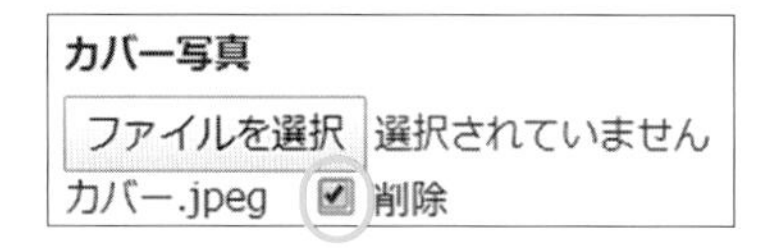


最後にページ一番下にある 決定 をクリックします。

すると、一度、画像をアップロードする前の画面に戻ります。
先ほどと同じ手順で正しい画像をアップロードし直しましょう。

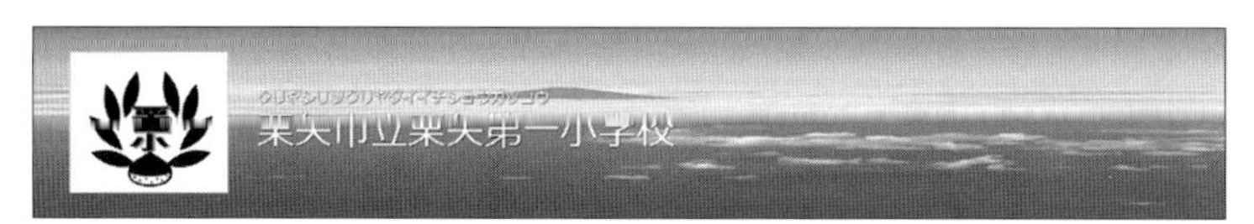


正しい画像がアップロードできました。

そうそうこれ！

画像をアップする手順がわかれば、級で言うと……もう、edumap４級くらいですよ！

１級、いや初段をめざして頑張るぞ。

## 「学校からのお知らせ」を作成する

「学校からのお知らせ」は「ブログ」プラグインを使っています。

いよいよ休校の案内をしなくちゃ。「学校からのお知らせ」ね。

「学校からのお知らせ」はウェブサイトにアクセスしたらすぐに目に入りますから、一番大事なことを書くのにぴったりなんです。

「学校からのお知らせを」作成するには、＋追加 をクリックすればいいんです。あとは、「ログインする→ ＋追加 をクリックする→エディタで記事を書く→ 決定 をクリックする」。基本どのプラグインでも、この流れです。

ログインしたら、＋追加 をクリックします。この ＋追加 は、編集の権限のある人にしか表示されませんので、安心してクリックしてください。

すると、エディタが表示されます。

このエディタに必要なことを入力し、最後に一番下の 決定 をクリックすれば、終了です。

この「**ログインする→ ＋追加 をクリックする→エディタで記事を書く→ 決定 をクリックする**」という**流れは、edumapで編集を行う際の共通の流れ**です。これさえ押さえておけば、どのプラグインでも簡単に記事を書くことができるようになります。

この画面、普段使ってるWordにも似てるから、入力しやすい。 B は太字だし、 U は下線でしょ。

そうです。簡単でしょ？ わからないときは リンクの挿入・編集 こんな風にカーソルを当てれば、できることが表示されますからね。

うん、これなら私もできそう。

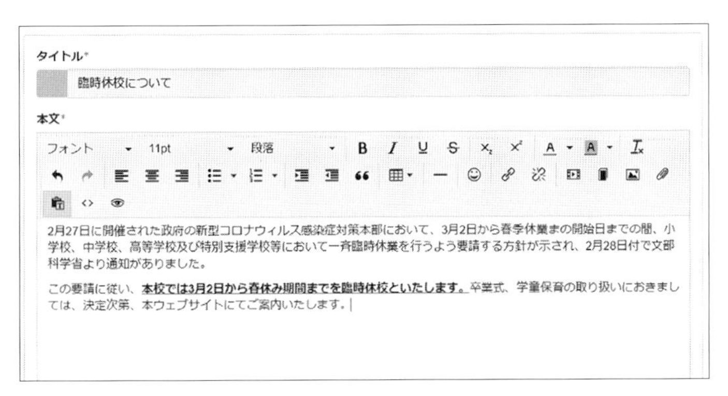

できた！ 本当に簡単ね。

できたら、一時保存 をクリックして、ちょっと見せてください。

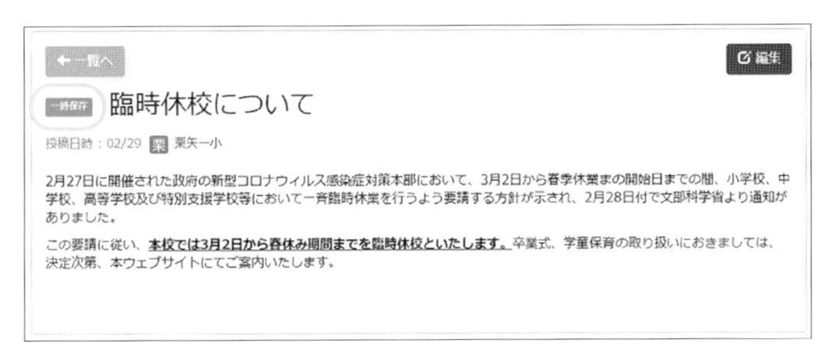


……え？ もう、公開されちゃってるの？！

大丈夫です。タイトルの横に、 一時保存 と表示されていますよね？ この状態だと、まだ公開されていませんから。

よかった。ねぇ、急いでるからもう進めちゃっていいかな？

でも……これちょっとわかりにくいかもしれないですね。

どうして？ 必要なことは書いてあるし、大事なところは太字と下線で強調したじゃない。

edumap で作成したウェブサイトは、ブラウザの自動翻訳機能を使うとほかの言語でも表示することができるんですよ。

edumap で構築した学校ウェブサイトは、Google 社が提供しているブラウザ Chrome [5] の機械翻訳機能を用いることで、他の言語に自動的に翻訳することができます。

5　Chrome は Google 社の登録商標です。

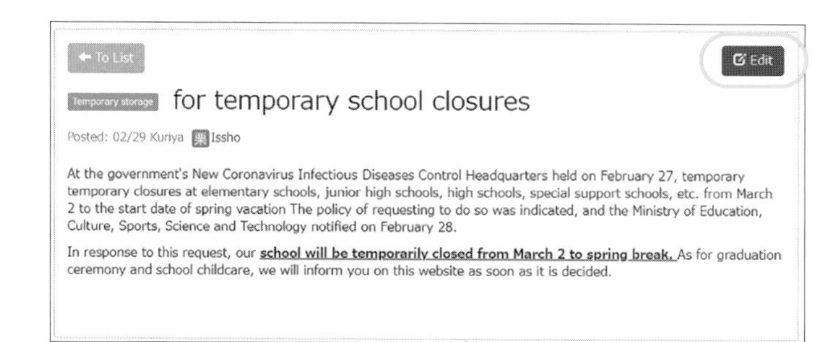

← To List　　Edit

Temporary storage　for temporary school closures

Posted: 02/29 Kuriya 栗 Issho

At the government's New Coronavirus Infectious Diseases Control Headquarters held on February 27, temporary temporary closures at elementary schools, junior high schools, high schools, special support schools, etc. from March 2 to the start date of spring vacation The policy of requesting to do so was indicated, and the Ministry of Education, Culture, Sports, Science and Technology notified on February 28.

In response to this request, our school will be temporarily closed from March 2 to spring break. As for graduation ceremony and school childcare, we will inform you on this website as soon as it is decided.

すごい！ 実は、うちの校区、母語が日本語ではない保護者が少なくないから、心配してたの。ん？ でも、ところどころ意味不明なところがある……。

一文を短めにして、簡単な文章にすると機械翻訳のミスが減るんですよ。

なるほどね。もう1回やってみよう。えっと、これを変えるには……。

はい、この記事の右上にある Edit をクリックすればエディタに戻れます。

これでどうかな？

もう一度ブラウザの機能を使って翻訳してみますね。

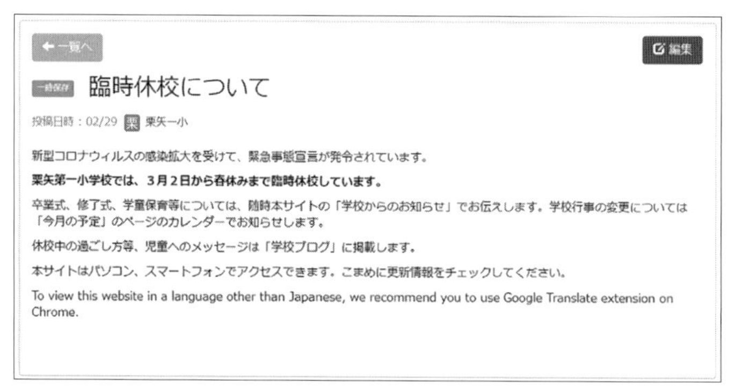

← 一覧へ　　編集

一時保存　臨時休校について

投稿日時：02/29 栗 栗矢一小

新型コロナウィルスの感染拡大を受けて、緊急事態宣言が発令されています。

**栗矢第一小学校では、3月2日から春休みまで臨時休校しています。**

卒業式、修了式、学童保育等については、随時本サイトの「学校からのお知らせ」でお伝えします。学校行事の変更については「今月の予定」のページのカレンダーでお知らせします。

休校中の過ごし方等、児童へのメッセージは「学校ブログ」に掲載します。

本サイトはパソコン、スマートフォンでアクセスできます。こまめに更新情報をチェックしてください。

To view this website in a language other than Japanese, we recommend you to use Google Translate extension on Chrome.

えっ、すごいじゃない！！ 機械翻訳、侮ってたけど、かなり正確ね。

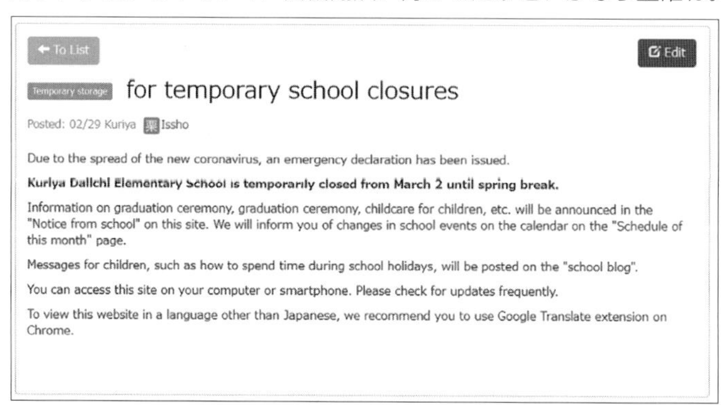

← To List　　Edit

Temporary storage　for temporary school closures

Posted: 02/29 Kuriya 栗 Issho

Due to the spread of the new coronavirus, an emergency declaration has been issued.

**Kuriya Daiichi Elementary School is temporarily closed from March 2 until spring break.**

Information on graduation ceremony, graduation ceremony, childcare for children, etc. will be announced in the "Notice from school" on this site. We will inform you of changes in school events on the calendar on the "Schedule of this month" page.

Messages for children, such as how to spend time during school holidays, will be posted on the "school blog".

You can access this site on your computer or smartphone. Please check for updates frequently.

To view this website in a language other than Japanese, we recommend you to use Google Translate extension on Chrome.

少なくとも、僕にはこんなに流ちょうに翻訳できないです（苦笑）。

よし！ それじゃこれでいこう。念のために誤字脱字チェックをして……決定をクリック……あれ?! ログイン画面に戻っちゃった！

あ、それ、セキュリティ保護のためのセッション切れです。一定の時間操作しなかったり、いくつもタブでedumapのサイトを開いたりすると、自動的に接続が切れることがあるんです。

さっきタブを二つ開いて見比べてたからかな。ログインし直して……さっき一時保存したから、書いた内容が残ってる！ よかった〜。

そういうことに備えて、ちょこちょこ一時保存しておくか、Wordやメモ帳に下書きをしておくといいですよ！

内容を書き終えたら、決定をクリックします。投稿したのが「編集長」か「ルーム管理者」の場合、この記事は直ちに公開されます。公開されているので、一時保存の表示はされません。

ひとまずこれはよし、と。ある程度入力できたら、保護者に一斉メールで、ウェブサイトができたことを連絡しないとね。

確かに。今度からはこのウェブサイトを確認してもらわないと意味ないですからね。

学校ウェブサイトがある程度整ったら、保護者がいつでもウェブサイトをチェックできるように、一斉メールなどで案内を行います。もし、古いウェブサイトがあるようなら、そちらからも新しいサイトに誘導します。教育委員会で申し込んだ学校は、教育委員会のページからもリンクを張ってもらいましょう。

6　QRコードは，株式会社デンソーおよびデンソーウェーブの登録商標です。

一斉メールを送ったわ。みんな、見てくれるといいけど……。

おーい。今、教育委員会から、学童保育対象の児童受け入れの方針が送られてきたぞ。「受け入れは普通教室、席は二つ置きに座らせる、基本は自習、……」。先生方は手分けをして受け入れ教室の準備を。机の中に残っているものは袋に入れて児童のロッカーに。白鳥先生と風間先生は保護者への連絡事項を学校ウェブサイトにアップ。時間がないぞ、みんな急ごう。

マスク着用、指定帽着用、預かりは８時半から１４時半まで。お弁当持参、水筒の飲み物は水かお茶、……全部「学校からのお知らせ」で知らせよう。機械翻訳のことがあるから、箇条書きで書こう。ところで、エディタの下のほうにある、公開日時、カテゴリ、タグって何だろう？

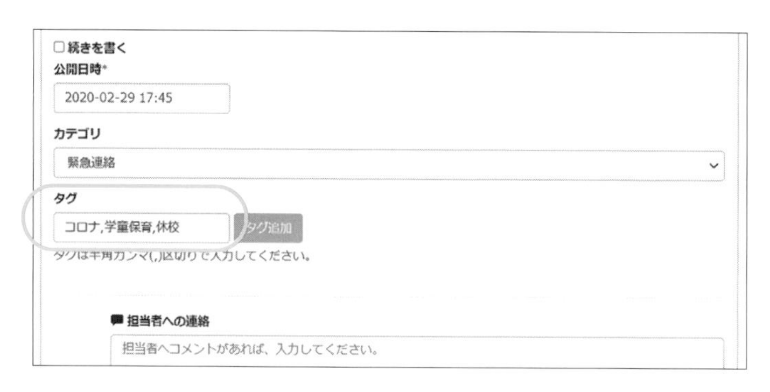


edumapで配信される情報は、教育委員会や他の学校等にも必要に応じて共有されます。特に緊急連絡と不審者情報は、学校種や幼稚園・保育園の別なく、一定の距離の中にある教育機関と情報共有されるように設計されています。**少なくとも、緊急連絡と不審者情報を発信する場合には、必ずカテゴリ情報を入れてください。そのことによって、近隣の幼稚園や保育園、私立学校にも情報が伝われば、危険を回避することができ、救える命が増えることもあるのです。**

「タグ」は、さらに細かく情報を分類する際に便利です。ここに「学童保育」と入力すれば、あとで学童保育関連の情報だけを絞り込むことができます。**タグは複数入力できますが、タグの間は、全角ではなく「半角のカンマ（,）」で区切ってください。**校内で、ある程度タグのつけ方にルール（たとえば、「学校行事」「学童保育」などと分類してもよいですし、「1年」など、学年で分類してもよいでしょう）を作っておくと絞り込みに漏れが生じずに便利です。ただし、運用の最初にタグルールを作ることは難しいことでしょう。**まずは運用しながら考え、しばらくしてから過去のブログ記事にタグを付け直すほうが現実的かもしれません。**

教育委員会からの連絡等には、「情報解禁日時」が決まっていることがあります。たとえば、「3月1日、朝4時に一斉に情報解禁をするように」との通達があった場合には、公開日時に指定の日時を入れておくと、その日時に公開されます。このように公開指定日時を利用すれば、朝4時前にパソコンの前でスタンバイする必要はなくなります。

目の前のことで精一杯だったけど……私がカテゴリ情報をきちんとつけることが他の学校の保護者や児童生徒を救うことにもなるのね。タグはとりあえず「コロナ，学童保育，休校」にしておこう。あとで、休校情報にも「緊急連絡」のカテゴリをつけておかなくちゃ。



### 2日目の夜

あぁ、何だか鳴門の渦潮に放り込まれた気分。まだまだ調整しくちゃならないことだらけ。この先どうなっちゃうんだろう……。

そうだ、ウェブサイトのことを緊急連絡メールで知らせたけど、本当に保護者は見てくれているのかな。アクセス数は……と。え、もう1000に達している！ 以前の学校ウェブサイトは1年でも1000になんていかなかったのに……。

保護者も不安で、すぐにチェックしてくれたんだ。よし！ 期待に応えなくちゃ。

……あれ？「学校からのお知らせ」って、こんな風に見えてしまうの？

アップしたときには気づかなかった。困ったな……。

## 2日目のまとめ

・「学校からのお知らせ」には公的で重要な内容を入れる。

・edumapで文章を入力する流れは、「＋追加 をクリック→エディタで記事を書く→ 決定 をクリック」。

・カテゴリやタグのルールを決め、適切にカテゴリやタグを入力する。

・学校ウェブサイトができたら、一斉メールや既存の学校ウェブサイトで知らせる。

# 3.　3日目（3月1日　日曜日）

- 「今月の予定」を作成する。
- 作成された記事を承認する。

あ、風間先生、おはようございます。ねぇ、ちょっと見てほしいんだけど。

どうしたんですか、白鳥先生、血相を変えて。edumap ですか？

そうなの。昨日「学校からのお知らせ」に「休校のお知らせ」と「児童受け入れのお知らせ」の記事をアップしたら、記事の順番がこんな風になっちゃったの。これだと、一番大切な「休校のおしらせ」が下に行っちゃって目につかないでしょ？

休校に伴う児童の受入れ
投稿日時：02/29　栗矢一小

臨時休校を受けて、やむなく児童を預けなくてはならないご家庭の児童に関しましては学校での受け入れをいたします。「子どもたちの健康・安全を第一に考え、多くの子どもたちが日常的に長時間集まることによる感染のリスクに予め備える」という臨時休業の目的を御理解いただき、人との接触を極力減らすた め、可能な限りご家庭での対応をお願いいたします。

《預かりについて》
・１～３年生の児童（４年生以上は不可）
・８：３０～１４：３０（８：３０以降にお越しください。８：３０以前のお預かりはできません。）
※学童保育（放課後児童クラブ）に所属している児童は、学童保育へ行きますので、学校へのお迎えは不要です。
・保護者の送迎を必ずお願いします。利用の際には、保護者とともに学校職員に引き渡して、確実な受付を行ってください。※お子さんだけでの来校や受付は不可とします。
・受付場所は、８：３０～９：３０は児童昇降口付近。
・児童のお迎えに来られた際にも、必ず職員に声をかけてからお引き取りください。
《持ち物》
・上履き、ハンカチ、チリ紙、マスク
・お弁当と水筒（給食はありません）
・学習用具や本など（自習が基本となります。バッグは自由。）
・朝の検温結果を記入した「臨時休校中の記録」
《その他》
・体調不良や発熱のある児童のお預かりはできませんので、各家庭で休養させ看護をお願いします。
・お預かりした後に、お子さんをお引き取りしていただく状況となった場合に、保護者の方へ連絡をすることもございますので、登録されている連絡先で必ず連絡が取れるようお願いします。

臨時休校について
投稿日時：02/29　栗矢一小

新型コロナウィルスの感染拡大を受けて、緊急事態宣言が発令されています。
**栗矢第一小学校では、３月２日から春休みまで臨時休校しています。**
卒業式、修了式、学童保育等については、随時本サイトの「学校からのお知らせ」でお伝えします。学校行事の変更については「今月の予定」のページのカレンダーでお知らせします。
休校中の過ごし方等、児童へのメッセージは「学校ブログ」に掲載します。

「ブログ」プラグインは最新記事を一番上に表示しますからね。どうしようもないです。

でも、葱田第三小学校のサイトでは、休校情報が一番上にしっかり表示されているじゃないの！

それは「お知らせ」プラグインという別のプラグインを使っているんです。

そういえば「学校からのお知らせ」は「ブログ」プラグインで、それとは別に「お知らせ」プラグインがある、って言ってたわね。

はい、それです。「校長あいさつ」とか「いじめ防止基本方針」に使われているのが「お知らせ」プラグインです。

うちも休校情報は「お知らせ」プラグインで一番目立つ定位置に貼り付けたい！

新規でプラグインを追加するには、編集長以上の権限で「セッティングモード」をONにし、その上で、目的に応じたプラグインを追加する必要があります。その方法については「第2章 p.78」で紹介していますので、そちらを参照してください。

ふぅ。なんとか休校情報は「お知らせ」プラグインで貼り付けられた！これで、保護者も混乱せずに済むわね。

白鳥先生、もうセッティングモードをマスターしたんですか？ 僕は一編集者なので、セッティングモードは未知の世界なんですよ。すごいなぁ。もうedumap 1級じゃないですか？

まだまだよ！

## 「今月の予定」を作成する

「今月の予定」のページで使われているのが「カレンダー」プラグインです。

あぁ昨日は、児童受け入れの準備やら何やらで結局予定の入力終わらなかった……大急ぎで今月の予定を入れないと。まずは3月だけでも入力しなきゃ。

ログインした状態で、メニューから「今月の予定」をクリックし、「今月の予定」のページを表示しましょう。

ホーム
学校概要
校長あいさつ
学校行事
今月の予定
学校ブログ
学校だより
特色ある教育活動
いじめ防止基本方針
アクセス
問い合わせ
教材の配布

すると、カレンダーが表示されます。ここに予定を入力していきます。

まずは３月４日、「６年生を送る会」だな……。

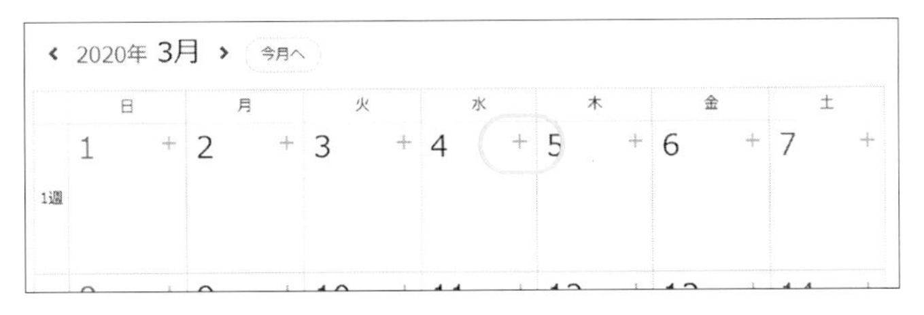


予定を追加するには、カレンダーの該当の日付の右上にある「＋」をクリックします。この「＋」は、編集の権限がある人にしか表示されません。

クリックすると、次のような画面になります。ここに必要事項を入力します。

まず、「件名」を入力します。

ここで、件名の左側をクリックするとアイコンが選択でき、行事予定を一目でわかりやすく、項目別に示すこともできます。

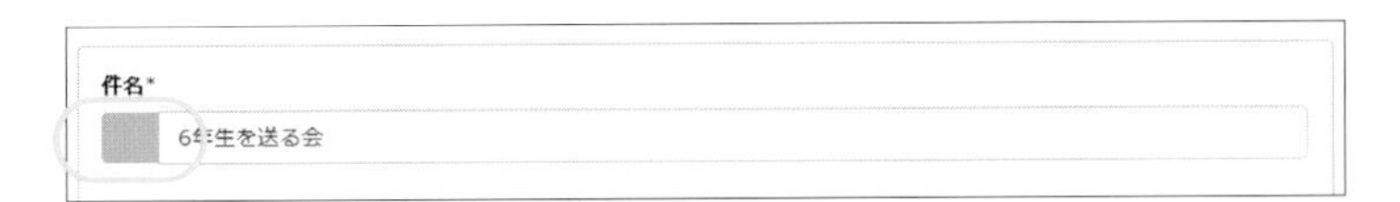

次に、日時を設定します。「期間・時間の指定」の左側にあるチェックボックスにチェックを入れると、次のような画面が現れます。

ここで、この枠内をクリックすると、カレンダーが立ち上がり、詳細な日時が入力できます。

さらに詳しい内容を入力したい場合には「詳細な情報の入力」を使用します。

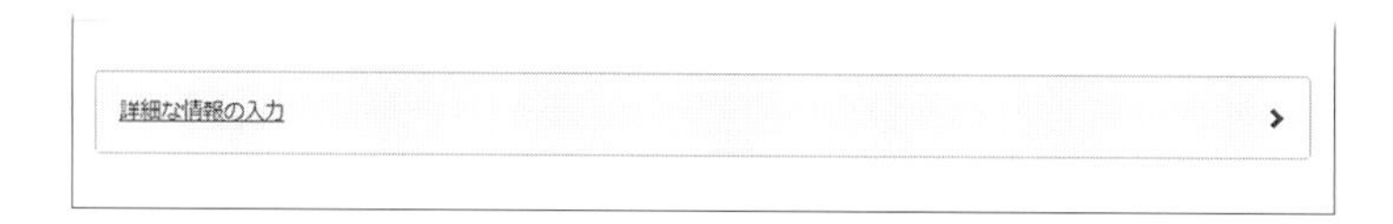

すると、次のように、より詳しい情報が入力できる画面が表示され、「今月の予定」に様々な情報を集約することができます。

ここで紹介した入力事項はすべてが必須というわけではありません。項目の右に「＊」がついている項目以外は、任意の入力項目なので、目的に応じて使い分けましょう。

必要事項の入力が終わったら、いつものように 一時保存 、または 決定 をクリックして、終了です。

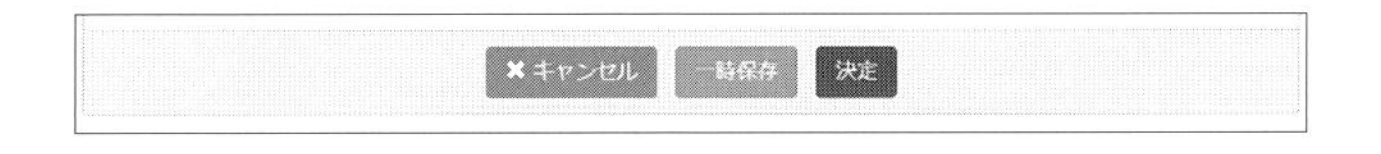


決定 をクリックしたら、タイトルの横に 承認待ち がついていることに注目してください。
このマークがついている場合、この記事は、まだ公開されていません。

edumapでは、権限によってできることに違いがあります。「ルーム管理者」や「編集長」は、自分や他の人（「編集者」「編集長」「ルーム管理者」）が投稿したコンテンツや記事を編集、承認、公開することができます。一方、「編集者」はコンテンツや記事を投稿したり、他の人の投稿を編集したりすることはできますが、それをそのまま公開する権限はありません[7]。

「編集者」が作成したり編集した記事を公開したりするには、「ルーム管理者」や、「編集長」に「承認」してもらう必要があります。「編集者」権限の担当者が投稿した記事は、承認待ちになります。同時に、「ルーム管理者」（校長）、「編集長」（副校長）にメールで承認依頼メールが送られます。教育委員会がルーム管理者に登録されていても、教育委員会にはこのメールは送られません。

この通知を受けて、**「ルーム管理者」や「編集長」が学校ウェブサイトにログインをして、当該記事を承認すると、記事が公開されます。edumapではこの「ワークフロー」と呼ばれる仕組みを取り入れることで、適切な内容が公開されるようになっているのです。**

とりあえず、どの行事もまだどうなるかわからないから、日だけ入力して、時間や詳細はあとから修正していくほうが現実的かな。うーん……白鳥先生の意見を聞いてみよう。

承認者に伝えたいことがある場合には、「担当者への連絡」欄に入力します。担当者への連絡欄のやりとりは、「編集者」以上の権限がある人だけが見ることができるので、一般に公開されることはありません。

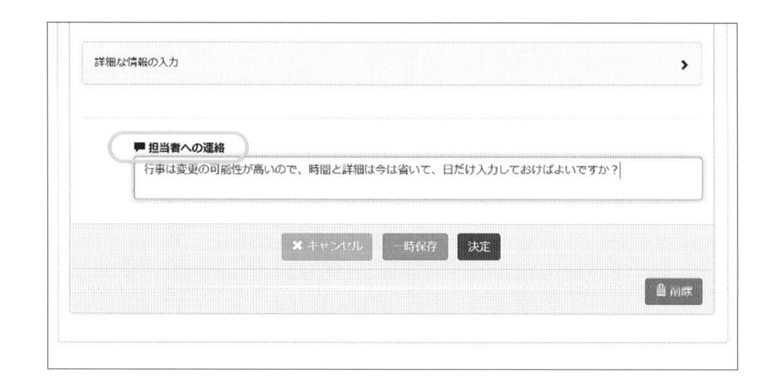


7　ここでは、標準設定の場合の流れを説明しています。

風間先生、カレンダー、はかどってる？

はい、今入力しているので、チェックお願いします。僕が入力すると、白鳥先生にメールがいくはずなので。

見てみる。……うん、学校メールにも携帯メールにも届いてる！

## 作成された記事を承認する

さて、先ほど 承認待ち になった記事は、管理者権限を持つ人からは次のように見えます。

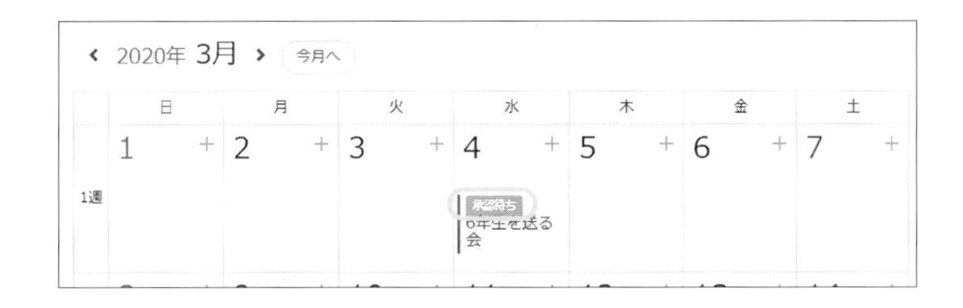


承認待ち になっている件名部分をクリックすると、その記事内容が表示されます。または、承認メール本文中のURLにアクセスし、ログインをすると、直接この画面が表示されます。

承認するには、右上の 編集 をクリックします。

すると、次のように表示されます。

今月の予定

予定の編集

件名*

6年生を送る会

予定日の設定* 期間・時間の指定

終日

2020-03-04

予定を繰り返す

公開対象*

パブリック

詳細な情報の入力

担当者への連絡

担当者へコメントがあれば、入力してください。

✖キャンセル 差し戻し 決定

削除

ここで、✖キャンセル 差し戻し 決定 の三つの選択肢があることに注目してください。これは、承認できる権限のある人、つまり「ルーム管理者」（校長）、「編集長」（副校長）にしか、表示されません。このボタンを使って、記事を公開するか、または公開せずに作成者に差し戻すかを選択することができます。もちろん、自分で直接内容を修正することもできます。

風間先生が登録してくれたものをどんどん見なきゃ。あ、コメントがついている。「行事は変更の可能性が高いので、時間と詳細は今は省いて日だけ入力しておけばよいですか？」…… 確かにそうね。返事をするには、私も「担当者へのコメント」に書けばいいのかな？「はい、件名と日だけでOKです」と……。

「6年生を送る会」はとりあえずこれでOKにしよう。なにしろ、3月、4月は予定がめじろおしだから。

内容に問題がなければ、決定をクリックします。決定をクリックすると、承認待ちの表示が消えます。この記事は公開されました。

次は修了式ね……って風間先生、字が間違ってる！ もう、直しとこう。

この画面から、直接修正を行って

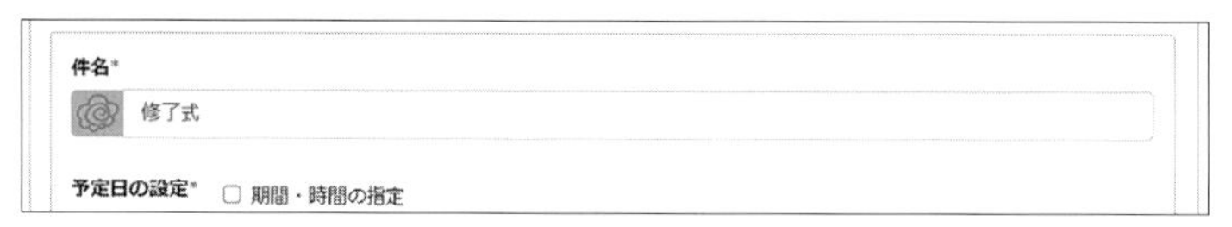


決定 をクリックすると、公開されます。

次は卒業式ね……あれ？ 1日間違ってる。風間先生もあわててるな。
差し戻してちゃんと確認してもらおう、落ち着いてよ～。

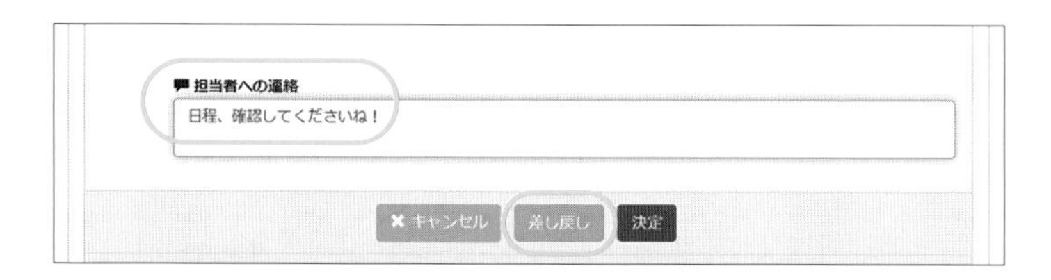


「差し戻し」をする際には、「差し戻し理由」を「担当者への連絡」欄に記入する必要があります。そうでないと、なぜ差し戻されたのか、担当者がわからず、情報修正に手間取るからです。差し戻し理由を記入して 差し戻し をクリックすると、次のようになり、件名の左に 差し戻し と表示されます。これで担当者に差し戻されました。

あれ？ 卒業式、差し戻されちゃった。あ、日程間違えてる、あぶない、あぶない。

差し戻された記事は、このように差し戻しの際に入れたコメントとともに表示されます。正しい予定に修正したら、再度 決定 をクリックすれば、 承認待ち にすることができます。

「編集者」は記事やコンテンツを準備し、「ルーム管理者」や「編集長」が承認をする、というワークフローは、信頼できるウェブサイトの構築に不可欠なだけでなく、一部の教員に学校ウェブサイト構築の負荷やノウハウを集中させない上でも、大変重要です。

ところで、カレンダーのアイコンのことなんだけど。どういう基準で決めているの？

うーん、その日の気分……ですかね。

それだと統一感がなくなるでしょ。大まかでもアイコンルールを決めたほうがいいんじゃないかな。

なるほどぉ。

**アイコンだけでなく、文中の一部の文字サイズやフォント、色を変える場合、太字や下線の引き方も、大まかなルールを決めておくとよいでしょう。**

### 3日目の夜

なんとか終電、間に合った！ いよいよ明日から全国一斉臨時休校が始まるんだな。まだ現実として受け入れられない……学童保育用の席の準備もしたし、マスクを忘れちゃった子に渡すマスクは準備したし、入ってはいけない教室に鍵もかけたけど、全員忘れ物なく登校してくれるかな。edumapの情報、ちゃんと伝わっているといいけど。
謝恩会はこのままだと中止よね。PTAと相談しなくちゃ。そうだ、このまま休みが続くなら、通知表とか卒業証書、渡す方法も考えないと。優先順位を書き出さないとだめね。
あぁ、edumapからの承認依頼のメールがたまってる。風間先生が「今月の予定」入れてくれたんだ。edumapってスマホで使えるんだよね。それなら今ちょっとやってみよう。承認メールについているURLにアクセスして……。

アクセスができません。指定したURLに移動するには、ログインが必要です。

ページが自動的に更新されない場合はこちらをクリックしてください。

そうか、ログインしていないものね。

IDとパスワードを入れてログイン……、あ、ちゃんと未承認の記事に飛べた。これなら未承認記事を探し回らずに済むわね。

よし、ちゃんと日程が修正されている。承認しよう。

をクリックして、

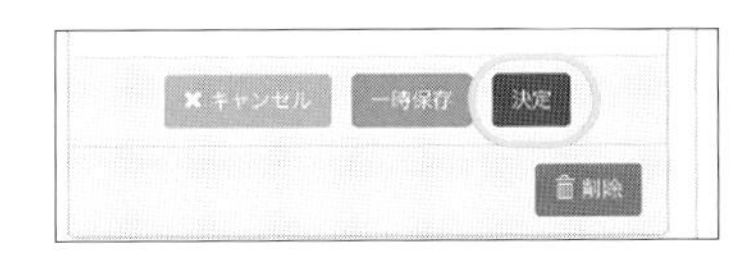


決定 をクリック、と。

ああ、でも、カレンダーの承認申請メールが何通も来てる……。承認だけでも電車の中で終わらせておかないと。明日の８時半には受け入れの子どもたちが登校してきちゃう。
いちいちメールから開けていくよりも、カレンダーから直接どんどん承認するほうが今は早そうね。記事確認→編集→決定、記事確認→編集→決定……よし、これで、カレンダー記事は全部承認終了した！
あ！ もう駅。乗り過ごすところだった……あぶない、あぶない。

## ３日目のまとめ

- 「編集者」が書いた内容は、「ルーム管理者」「編集長」が「承認」しないと、公開されない。
- スマートフォンからも、パソコン用のサイトと同様の手順で操作を行うことができる。
- 承認や差し戻しのやり取りでは、コメント欄を活用して、作業の時短化をはかりつつ確実に申し送りをする。
- タイトルで使用するアイコンのルールを統一する。

# 4. 4日目（3月2日 月曜日）

◉「学校ブログ」を書く。
◉「学校だより」をアップする。
◉「校長あいさつ」を書く。



## ◉「学校ブログ」を書く

白鳥先生、学童保育予定の児童、全員無事に登校しました。
島津先生、ありがとう。持ち物は？ お弁当や自習用の道具、持ってきた？
はい！ 全員、持参しています。
よかったですねぇ。edumap のおかげですね。
マスクを外さないように、子ども同士近寄って話したりしないように、ちゃんと指導してね。少しでも体調の悪そうな子がいたらすぐに保護者に連絡して。私も校長も、今日も打ち合わせと PTA 対応で手一杯になりそう。悪いけど、よろしくね。
子どもたちも不安だろうけど、保護者も心配だろうな。写真入りで学校ブログに子どもたちの様子をアップしておきましょうか？
それ、すごくいいアイデア！
葱田第三小では、僕の書く学校ブログの「いいね！」が一番多かったんですよ。
くれぐれも子どもの顔や名前が写りこまないように気を付けてね。
心得てます！ スマホで撮った写真は解像度を下げる処理もしておきますね。

「学校ブログ」は「学校からのお知らせ」と同じ「ブログ」プラグインが使われています。しかし、トップページではなく、別のページに配置されているので、トップページに記事が表示されることはありません。そのため、画像を使用したり、長い文章を書いたりして、学校生活の様子をわかりやすく保護者に伝えるのに最適です。

子どもたちも落ち着いて自習してくれてる。ちゃんと席の間隔をあけて、換気しながら勉強しているところを保護者に伝えたいな。写真撮っておこう……。

では、「学校ブログ」の記事を作成します。ログインした状態で、メニューから「学校ブログ」をクリックし、「学校ブログ」のページを表示しましょう。

すると、次のような画面が現れるので、＋追加 をクリックします。

前述したとおり、「学校ブログ」と「学校からのお知らせ」は両方とも「ブログ」プラグインが使われていますので、同じエディタ画面が表示されます。

まずはタイトル、それからさっきの写真を貼って、と。

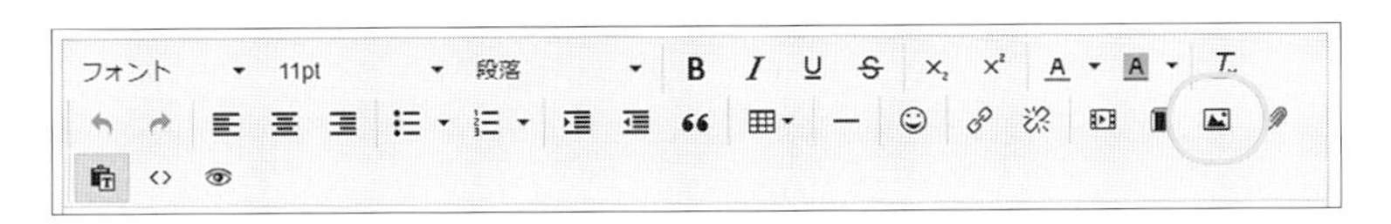


エディタ上部のツールバーに表示されている をクリックすると、画像挿入・編集用のポップアップ画面が表示されます。

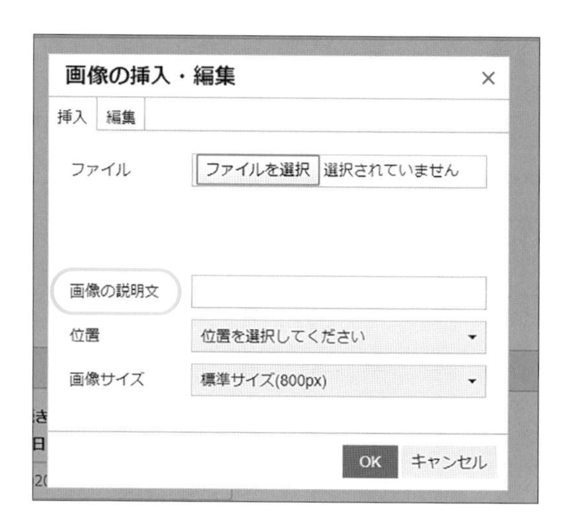


校章を変えたときと同様、掲載したい画像の保存場所を指定し、画像を選択します。必要であれば、位置やサイズも変更することができます。

ここで必ず「画像の説明文」も入力しておきましょう。目が不自由な児童生徒や保護者がブラウザの読み上げ機能を使って学校ウェブサイトを読むときに、どんな画像が貼ってあるかがわかります。

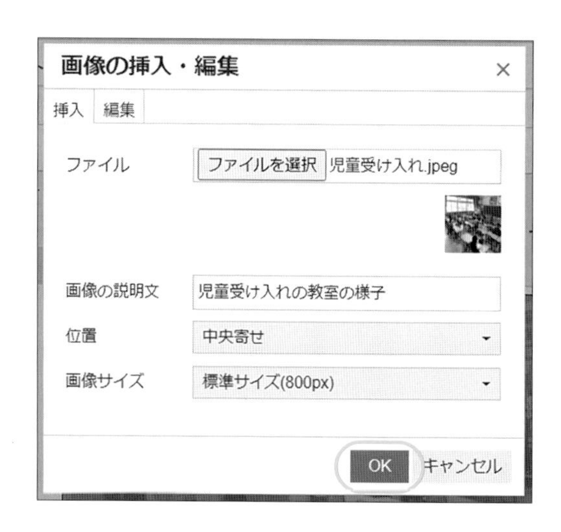


今回は、選択した画像を中央寄せ、標準サイズで掲載します。 OK をクリックすると、画像が挿入されます。

続けて、本文を入力します。

本文の入力の仕方も、「学校からのお知らせ」と同じです。ただし、カテゴリを開けると、「学校からのお知らせ」とは異なるタイプの項目が並んでいることがわかります。

p

続きを書く

公開日時*

2020-03-02 16:30:00

カテゴリ

今日の出来事

カテゴリ選択
今日の出来事
今日の給食
授業の様子
委員会活動
クラブ活動

担当者への連絡

担当者へコメントがあれば、入力してください。

**同じ「ブログ」プラグインを使っていても、「学校からのお知らせ」は緊急連絡や不審者情報、学校行事などの公的な情報を配信するため、「学校ブログ」は今日の出来事やクラブ活動の様子などを保護者に伝えるために設計されているのです。**

カテゴリは「今日の出来事」、タグは、「コロナ、休校、学童保育」で投稿しておこう。

edumapには写真だけでなく動画も挿入することができます。ツールバーの中から、を選んでクリックしてみましょう。すると次のようなポップアップ画面が表示されます。

ここに動画ファイルのURLを入力します。

動画ファイルのURLは次の二つのいずれかの方法で入手します。一つ目は、YouTubeなど外部の無料動画配信サービスを利用し、動画をアップして、その動画のURLを入手する方法です。二つ目は、edumapで構築した学校ウェブサイトの中に「動画」プラグインを配置し、そこに動画をアップロードし、そのURLを入手する方法です。ただし、edumapでは一度にアップロードできるファイルサイズの上限が5MB、無料で利用できる最大容量が5GBしかありませんから、無償で利用し続けたい学校には、前者の外部動画配信サービスの利用をお勧めしています。

記事ができたら、決定をクリックします。

「今月の予定」と同様に、「編集者」権限の担当者が投稿した記事は、承認待ちになり、「ルーム管理者」「編集長」にメールで承認依頼メールが送られます。

「学校ブログ」の承認依頼が来た。URL にアクセスして、ログイン、と。うん、児童受け入れの雰囲気が伝わってくる。それにアングルも解像度も絶妙ね。風間先生、さすが慣れているなぁ。よさそうね。「決定」！

QR コードを読み取って実際に確認！

第1章

これで、記事が公開されました。ただし、公開後に、内容の変更が必要になるかもしれません。「編集者」が再編集すると、もう一度、「承認依頼」のメールが「ルーム管理者」「編集長」に飛びます。再度承認されるまでは、（一度承認された）古い記事は消えずに、表示され続けるので注意しましょう。

学校ブログを始めたこと、「学校からのお知らせ」に書くべきよね。
あ、それ不要です。
だって、学校ブログを始めたことに保護者が気づかないかもしれないでしょう？
「新着」が勝手にまとめてくれますから。
それ、初めて聞いた。「新着」って何？

edumapで構築したサイトには、サイト全体の情報を一箇所に集める「新着」というプラグインがあります。標準設定では、トップページの「学校のお知らせ」のすぐ下に配置されています。

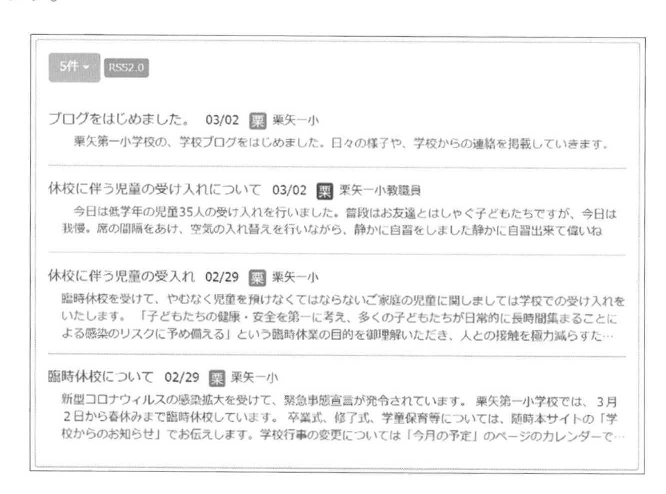


標準設定では、「ブログ」プラグインの新着情報だけが表示されるようになっています。セッティングモードをONにし、「カレンダー」プラグインや「キャビネット」プラグインなど他のプラグインの新着も掲載することもできます。

「ブログ」プラグインに加えて、「カレンダー」プラグインの新着も表示するように変更すると、次のようになります。

QRコードを読み取って実際に確認！

新着情報は「RSS配信」という仕組みを利用しています。ITに詳しい保護者は、専用のアプリを使って新着情報をまずチェックするかもしれません。

## 「学校だより」をアップする

あと……そうだ、学校だよりのことを忘れてた！ 今月の分を校長先生からもらってたんだった。「学校だより」のページに載せればいいのね？

保健だよりや学年だよりも載せないといけませんね。

「学校だより」に使われている「キャビネット」プラグインを使うと、いろいろな種類の文書を、まとめておくことができます。学校だよりや学年だより、保健だよりや給食だよりなど、毎月必ず目を通してほしいおたよりは、非常時はもちろん、通常時もまとめておくことで保護者も探しやすくなります。

メニューから「学校だより」をクリックし、「学校だより」のページを表示しましょう。

右上の［ファイル追加］と［フォルダ作成］いうアイコンに注目します。ファイルをそのままアップロードしても構いませんが、たくさんのファイルが雑然と並んでいると目的のものが見つけにくくなります。フォルダを作成して、整理しながらアップロードしましょう。

葱田三小では、フォルダはどう整理していたの？

あまり細かく分けちゃうと見たいものが見つからないって言われるので、大体２クリックでたどり着けるくらいにしてました。

それじゃあ、年度と月で分けるのがいいかな。

葱田三小では、年度の下が「学年だより」「保健だより」のような内容分類でしたけど。

でも、保護者の目線から考えると、一番関心があるのは「その月のおたより類」でしょ。それが同じフォルダにあるほうが、探しやすいと思うのよ。

なるほど！

多くの学校では、学校だよりや保健だよりは、手書きのイラストがコラージュされた「画像」として作成され、PDFに変換されています。そのためファイルサイズが想像以上に大きいことがあります。年度を重ねると、edumapの無償の限度である5GBを超えてしまい、それ以上ファイルをアップロードできなくなることがあります。

最初のフォルダを年度ごとに分けておくと、たとえば前々年度のおたよりをフォルダごと削除すれば、一気に容量を減らすことができます。

では、フォルダを作成してみましょう。まず、［フォルダ作成］をクリックします。

学校だより
フォルダ名*
令和元年度
パス
学校だより > フォルダ作成 移動
説明
キャンセル 決定

フォルダ名に「令和元年度」と入れ、［決定］をクリックします。
パスが「学校だより > 令和元年度」となっていることを確認します。

ファイル一覧に戻ると、次のような表示になります。

さらにこの令和元年度のフォルダの中に、「3月度」というフォルダを作成しましょう。

「令和元年度」をクリックすると、フォルダが開きます。

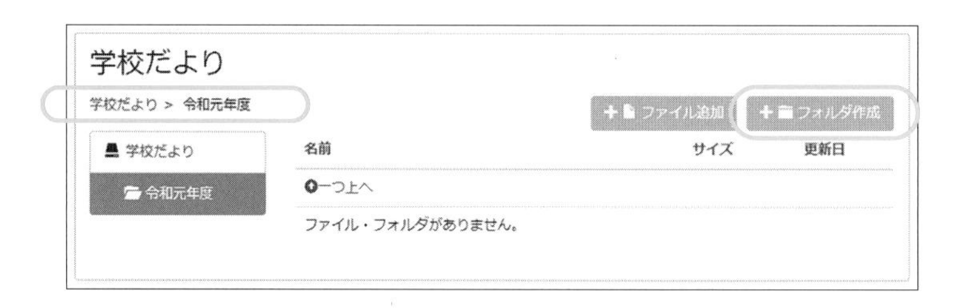


左上のパスが、先ほど作成した「学校だより ＞ 令和元年度」になっていることを確認して、フォルダ作成 をクリックします。フォルダ名に「3月度」と入力し、決定 をクリックします。

ファイル一覧へ
編集
フォルダ名
3月度
パス
学校だより > 令和元年度 > 3月度
合計サイズ
0 Bytes
説明
作成者
栗 栗矢一小
作成日
19:30
更新者
栗 栗矢一小
更新日
19:30
ダウンロード

「令和元年度」の中に「3月度」ができました。ファイル一覧に戻ると、次のような表示になります。

ここで、作成した「3月度」の中に、おたよりをアップロードします。

「3月度」をクリックします。

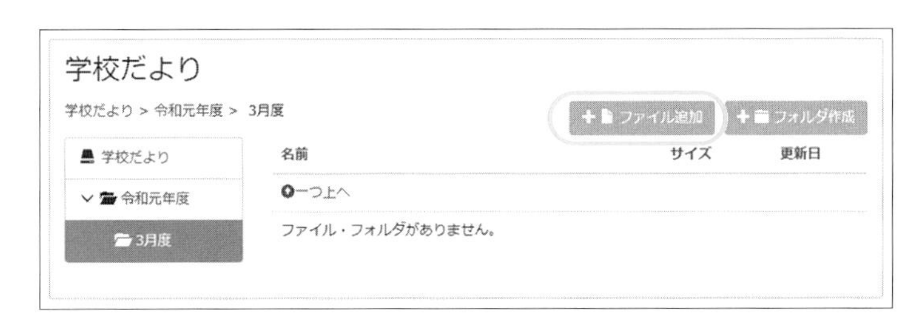


＋ファイル追加 をクリックし、ファイルの保存場所を指定して、

決定 をクリックすれば、

QRコードを読み取って実際に確認！

学校だよりがアップロードできました。

これでよし、と。ところで、「学校だより.pdf」の横についている 0 のマークは何？

ダウンロード回数です。

へぇ、何回ダウンロードされたかがわかるんだ。保護者に情報がいきわたっているか、目安になるから便利！ じゃあ、さっきの画面にあった「ダウンロードパスワードを設定する」という項目は何？

edumapの「キャビネット」では、ファイルにダウンロードパスワードを付けることができます。今や、学校だよりや学年だよりに、うかつに個人情報を書く学校はないことでしょう。それでも、学校だよりや、学年だよりは、在校生の保護者に限って配布したいと考える学校もあるかもしれません。そのような場合は、ダウンロードパスワードを設定し、緊急連絡メールなどで保護者に知らせます。すると、そのパスワードを知っている人以外はファイルをダウンロードできなくなるのです。

一方で、ITに不慣れな保護者は、パスワードがかかっていると、ダウンロードできなくなることもあります。メリットとデメリットをよく考えて、使うべきか否かを考えましょう。

 へえ、驚いた。とことん日本の学校に合わせて開発されているのね。

 そうなんですよ。

## 「校長あいさつ」を書く

 どうかね、edumap は。順調？

 はい！ もうアクセス数が 2000 を超えました。

 本当かい？ それ前の学校ウェブサイトの 10 年分と同じじゃないか。

 校長先生、「校長あいさつ」書いていただけませんか。6 年生にしても新 1 年生にしても、校長先生の言葉を待っていると思うんです。

 確かにそうだな。こういうときだから伝えないといけないね。

 校長先生は Word で原稿を作成してくださればいいですよ！

 あ、そう。昼間はあれこれあるから、夜にでも作って送るよ。



メニューから「校長あいさつ」をクリックし、左上にある 編集 をクリックすると、エディタが表示されます。

エディタの使い方は、「学校ブログ」を書くときと同じです。ここでは、すでに入っている「校長あいさつ」は消さずに内容を入力すると、公開したときの見た目がよくなり、便利です。

Word の原稿から、コピーし、エディタに貼り付けます。いつものように、 決定 をクリックして終了です。

QR コードを読み取って実際に確認！

校長先生、できました！

おお！ いいね。

これでとりあえず、完成ですね！

たった４日でこんなに立派なウェブサイトができるなんて思わなかった。

でも、これからが本当の正念場だぞ。

はい！

実は、栗矢二小や三小の校長から、「おたくの学校ウェブサイト、どうやって作ったの？」って LINE が届いたんだ。みんな困っているようだ。早速 edumap 紹介したよ。パイロット校として頑張らなくちゃな。

はい！

### ４日目の夜

ふぅ。今日もバタバタだったけど、なんとか子どもたちの受け入れもできた。PTA も謝恩会中止を納得してくれたし。

それにしても、万が一、新年度を予定どおりに始められなかったらどうなるんだろう……考えるのも恐ろしい……（※白鳥先生のこの悪い予感は、残念ながら的中してしまいます）。

そのことを考えると、edumap にしておいて本当によかった！

やり残した単元のこととか、通知表のことを考えると頭が痛いけど、とにかく、保護者に寄り添ってタイムリーに情報発信していこう。それが、今私たちにできることなんだから。

……ただ、今日はとりあえず４時間は寝たい！

## ４日目のまとめ

- 「学校からのお知らせ」と「学校ブログ」の役割分担を決める（「学校からのお知らせ」は副校長以上が担当し、「学校ブログ」は教職員目線で日々の気づきをフランクに発信していくとよい）。
- 写真をアップする際には個人情報に配慮。画像は「ペイント」などを使い、画像解像度を下げ、容量を小さくする。
- 画像の「説明文」は、目が不自由な保護者や児童生徒のために必要。
- 学校ウェブサイト全体の情報を「新着」プラグインで上手にまとめる。
- 「学校だより」は２クリックで目的の資料にたどり着けるようにフォルダ階層を工夫する。必要な場合は、ダウンロードパスワードを活用する。

## 非常時にも役立つ edumap

令和２年春。新型コロナウイルスが世界で猛威を振るっています。９年前の同じような節目の時期に、東日本大震災により、突然に日常の当たり前の営みを失った経験を思い出さずにはいられません。福島県教育センターではあの非常事態に、edumapの前身であるNetCommons2を最大限活用し、困難を乗り越えてきました。

福島県では、11日の２度にわたる震度６の揺れと余震、また、それに伴う津波でライフラインもインフラもすべてが寸断される状況となりました。それに加え、12日と14日に福島第一原子力発電所の一号機と三号機の事故が襲いかかります。震災後の混乱と音声通話の通信規制が続く中、教育センター職員は通常業務を継続するべく、情報共有を図る手立てはないかと模索しました。そこで考えたのが、本格運用寸前だったNetCommons2による新しいウェブサイトです。幸いにも教育センターのサーバに被害はなく、新しいウェブサイトも仮運用を開始していました。震災後３日目の14日、新ウェブサイトの中に教育センター職員専用のグループルームを構築し、本格的に情報共有を始めました。また、この教育センター職員専用のグループルームは、避難所対応にも大変役立ちました。原発事故のあと、原発周辺地域の方々のために県内各地に避難所が開設され、20日ごろには、教育センター職員も避難所での業務に就くことになったのです。避難所の状況報告、避難所ごとの業務内容の引継ぎなど、NetCommons2の機能を使い、必要なファイルや写真を共有し、業務をスムーズに遂行することができました。20日の記事には「救援業務スタートしました。大熊町、富岡町の70名の方々です。皆さん落ち着いており、頑張っておられます。精一杯ミッションを果たします。」というコメントとともに避難所の写真も載せられていました。このグループルーム活用の経験は、その後のサテライト校でのグループルーム活用や、教育センターの研修業務にも生かされました。

福島第一原子力発電所の事故により、児童生徒も各地に避難を余儀なくされました。学校によっては１校が５地区に分かれて学校が再開されるというサテライト校もありました。先生方の職員室も五つに分割されスピーディな情報共有が求められました。そこで教育センターでは、NetCommons2で構築したウェブサイトにサテライト校専用のグループルームを構築し、利用してもらうことにしました。先生方は、配布物・豆テスト・試験問題を「キャビネット」で共有し、

「掲示板・日誌」で、離れている先生方同士の意見や児童生徒の様子を共有しました。これらの活用は隔てられた距離を縮め学校再開を後押ししました。

また、教育センターでは、地震により建物が被災し、通常の集合研修を行うことができませんでした。そこで、研修用の教科ごとのグループルームを準備し、新採用教員研修や経験者研修に利用しました。研修課題の連絡・提出、研修者同士の情報交換はもとより、「動画モジュール」による所長挨拶の発信、理科実験動画の発信なども行いました。一堂に会することのできない中、NetCommons2で構築されたウェブサイトは研修の要となりました。震災時でも新採用教員研修や、10年研修などの法定研修は必須です。研修用のグループルームを活用することにより、震災の中にあっても年度内に法定研修を滞りなく進めることができました。

非常時には、一つひとつの対応にスピード感が求められます。今あるリソースをどう活用するかが問われるのです。東日本大震災当時の福島県教育センターは、まさにその状況下にありました。NetCommons2によるウェブサイトというリソースがあり、教育センター職員が知恵を絞ることで、そのリソースを最大限活用できたのではないかと思っています。

これらの情報共有は、今まさに新型コロナウイルスにより休校になっている学校で最も活用されるべきものです。NetCommons2で行ったことと同じように、edumapでも、家庭で過ごす注意点は何か、課題は何かなどの文書を簡単に発信できます。さらに、動画サイトへリンクを張って、先生方の授業を配信することもできます。また、感染拡大の懸念から家庭訪問ができない状況でも、簡単に児童生徒の家庭での様子をアンケートすることも可能です。edumapは、平時にも非常時にも使い方次第で有効に活用することができる、先生方の力強い味方です。

# 5. 申込みをする

ふぅ〜やっと edumap 使いこなせてきた感じ！

いやぁ、立派なウェブサイトができましたね。これがたった４日でできたなんてすごいっすね！

そうねぇ……最初は edumap なんて知りもしなかったわけだし。

教育委員会がすぐに申し込んでくれて、よかったですね！



edumap の利用には申込みが必要です。栗矢第一小学校では、教育委員会が申し込んでくれました。edumap は一つの学校単独での申込みもできますが、教育委員会や、学校法人で一括で申し込むほうがよりメリットが多くなります。

edumap は、ただ簡単に学校ウェブサイトを構築するためだけのサービスではありません。教育委員会が簡単に学校の状態を把握するために使用することで、より価値のある使い方ができるサービスなのです。これから説明する申込みの手順にあるように、教育委員会が申込みを行うことで、教育委員会は学校サイトへ管理者としてログインすることができます。つまり、学校ウェブサイトの更新頻度やアクセス数といった、ウェブサイトの外から見えるサイト活用の実態把握だけではなく、児童の健康状態を聞くアンケート結果を確認する、緊急時に近隣の学校でのアナウンスを一律にする、といった、学校の中の様子にまで踏み込んだ実態把握や、教育委員会による情報発信までをすることができるようになるのです。

また、教育委員会が学校サイトを一元化して管理するメリットは他にもあります。たとえば、近隣の自治体との情報連携の強化です。不審者情報、熊の出没情報などを共有し、学校サイトを通じて注意喚起することもできれば、台風接近などの際、周辺の各学校がどんな判断をしているか把握することもできるわけです。

学校単独ではなく、教育委員会ごと、あるいは学校法人・社会福祉法人ごとに一括登録してほしい理由はここにあります。edumap は今後、この「教育委員会向けサービス」に力を入れていきます。

さて、edumap で学校ウェブサイトを構築するには、申し込む機関が edumap を提供している一般社団法人「教育のための科学研究所」との間の契約を取り交わすことになります。その契約の内容が記されたのが「利用規約」です。必ず、利用規約を熟読してください。すべての条項を読み、内容を理解し、納得した場合に限り、edumap のユーザ登録の申請をする画面に進んでください。

そうか、だからすぐに教育委員会が申し込んでくれたのね。確かに非常時は学校の状況を知りたいはず。

葱田市でも、edumap が一気に広まったのは台風のときでしたからね。

## 5.1　申込みの流れを確認する

https://edumap.jp/ にアクセスし、申込みを開始します。

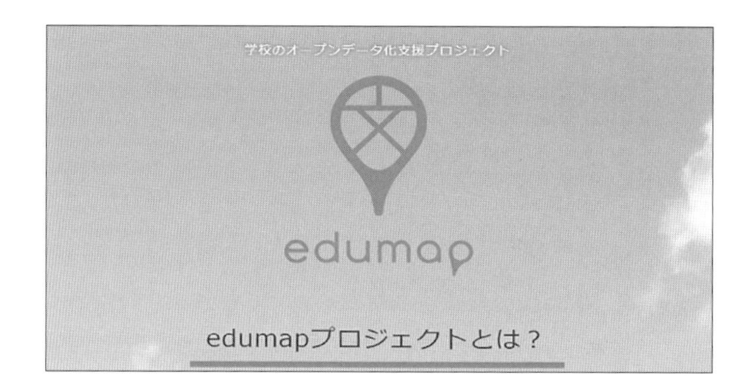


申込みの流れは大きく、ステップ 1) ユーザ登録、ステップ 2) edumap 事務局からユーザ登録結果の連絡、ステップ 3）学校ホームページ構築申請、ステップ 4）edumap 事務局から構築完了などの連絡、ステップ 5）学校ホームページの利用開始、です。

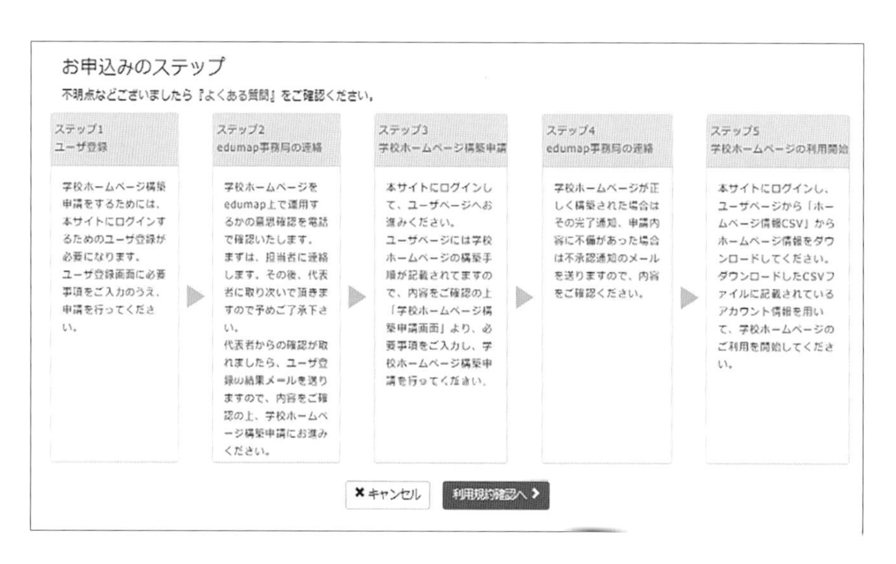

## 5.2 ユーザ登録

### ポイント

- 学校ウェブサイトの運営の担当者を決めておく。
- ユーザ ID、パスワードをあらかじめ準備しておく。

ユーザ登録にあたり、必ず利用規約を確認してください。

利用規約を確認、同意したら、いよいよ登録に入ります。利用規約は新しいサービスを追加した場合など、都度見直されます。定期的に内容を確認するようにしましょう。

ユーザ登録は、「ユーザ情報の入力」と「ご担当者様情報の入力」に分かれます。

**ユーザ情報とは、申し込む組織の情報のこと**です。edumapは学校単独としても、教育委員会としても申込みができます。どちらの場合も申請する機関の代表者名でユーザ登録をします。教育委員会として申し込む場合は教育長名、学校法人として申し込む場合は理事長名など、機関を代表する方の名前と肩書、そして代表電話で申し込んでください。

**ご担当者様情報の担当者とは、教育委員会の中で、学校ウェブサイトに関する業務を所管する担当者**を指します（学校ならば、学校ウェブサイト更新について主たる責任を負う担当者です）。edumapからの連絡は基本的に担当者宛てに自動メール送信で行われます。また、この後、担当者はユーザIDを使って、学校ウェブサイトの構築申込みをすることになります。高度なIT知識は不要ですが、ある程度ITに明るく、メールを頻繁に確認できる方を担当者にするとよいでしょう。IT知識といっても、おおよそ、中学校や高校の教科「情報」で学習するような内容です。たとえば、「適切なパスワードの設定方法や管理の仕方」「ZIPで圧縮したファイルのダウンロードや解凍の仕方」などを知っているか、インターネットで検索すればある程度のことは自己解決できるか、といったことです。

教育委員会として一括で申し込むことが難しい場合は、学校単体として学校長名でユーザ登録をしてください。その際の担当者も、上記と同様に実際に学校ウェブサイトの担当者で、ある程度のIT知識があるとよいでしょう。

最後に、アカウント情報を入れます。このID、パスワードは今後、edumapにログインする際に必要になりますから控えておきましょう。また、申し込む際に必要なパスワードは、セキュリティを向上させるため、申請にルールが設けられています。一方で、あまりにでたらめで長いと忘れてしまうことにもなりかねません。覚えやすいのに見破られにくいパスワードの作り方をコラムにまとめましたので、参考にしてみてください。

ここまで入力すると、最後に［印刷］が表示されるので、印刷をしておきましょう。

上記の入力内容を控えておくか、印刷して保管しておいてください。

印刷

入力内容に間違いが無ければ、チェックを入れてください。

入力内容を確認しました

✖キャンセル　＜前へ　上記内容でユーザ登録申請を送信する

これでユーザ登録は終了です。受付番号を控えて事務局からの連絡をお待ちください。



受付番号：U-8172-1491-7473

お問い合わせの際は、受付番号が必要になりますので、必ずお控えください。

## パスワードの設定

インターネットサービスの利用が増加している今、私たちは数多くのアカウントを持っています。しかし、その管理はきちんとされているでしょうか。アカウント管理が不十分な場合には不正ログインの被害を受けることがあるため、このアカウント管理は、インターネット社会を生きる私たちの当たり前のスキルとしてとても重要です。

edumapのようなCMSでも、不正ログインを防止するため、パスワード設定を適切にする必要があります。特に次の四つに注意してパスワード設定を行いましょう。また、パスワードは紙などにメモしても構いませんが、その際、人目に触れることがないよう保管してください。インターネット閲覧ソフトなどに記憶して保管するのもお勧めしません。

1. **長めのパスワードにする**

   10文字以上の長さにしましょう。

2. **第三者が推測しにくいパスワードにする**

   数字のみの羅列、キーボード配列、意味のある英単語、住所、電話番号などは使わないようにしましょう。

3. **複雑なパスワードにする**

   大小のアルファベット、数字、記号を組み合わせたものにしましょう。

4. **パスワードは使い回さない**

   学校のウェブサイトは正確な情報発信が求められます。不正アクセス対策のためにもパスワードは使い回さないようにしましょう。

<パスワード作成の例>

① 言葉を決める→五月晴れ

② ローマ字に変換→ satsukibare

③ 大小のアルファベット、数字、記号を組み合わせる→ Satsuk1_bare!!

④ ③を基にして、edumap では→ eduSatsuk1_bare!! などとする。

※ランダムに大小のアルファベット、数字、記号を組み合わせたものでも可だが、忘れてしまわないようにしっかり管理する。



## 5.3 edumap 事務局からの確認

ユーザ登録が終了すると数日中に edumap を提供している「教育のための科学研究所」の事務局から確認の連絡があります。本当に教育委員会や学校からの申込みなのか、代表者は承認しているかなどの確認を行います。

本人確認の連絡が入るのか。他の無償の商用サービスと違う点ね。

そうですね、虚偽や間違いの申請でないかときちんと確認してくれてるっていうのは安心ですね！

## 5.4 学校ウェブサイト構築申請

### ポイント

- 学校ウェブサイトの URL（サブドメイン）を決めておく。
- 使用するメールアドレスを最大三つまで、準備しておく。
- メールアドレス一つにつき一つのユーザ ID を準備しておく。

事務局での確認が終了すると、メールが自動配信されます。メールに記載された URL をクリックし、ログインしてください。

構築申請では、「学校情報の入力」「申込み情報の入力」「学校ウェブサイト設定」を行います。これが終了したら、「入力内容の確認」をして申請します。

### ● 学校情報の入力

まずは、学校の基本的な情報を入力します。ここで入力するすべての項目は、公開か非公開かを選べますので、目的に応じて公開設定をしてください。

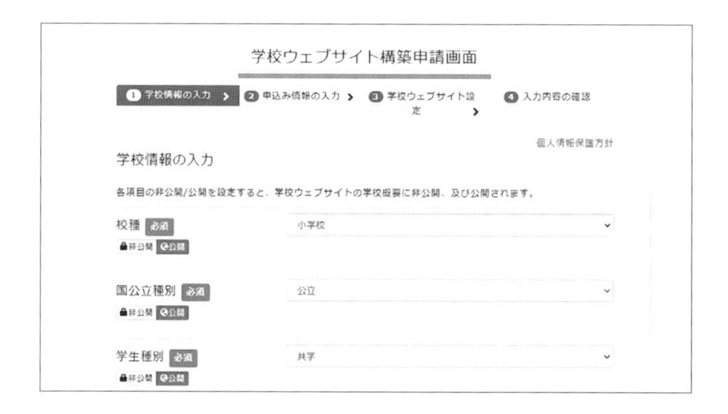


最後に、学校の代表電話、代表メールアドレスに加えて、「緊急連絡先」「問い合わせ先」を入力します。**これは、災害時など、学校で連絡を受けることが難しいときに使用するものなので、学校の担当者と常に連絡がつく情報を入力してください。このとき、担当者のプライベートな電話番号などを入力した際には、必ず非公開にするなど、公開設定に注意してください。**

QR コードを読み
取って実際に確認！

緊急連絡先には、私の電話番号を入れて、非公開にしておくといいのね。

そうですね。白鳥先生が担当者ですから。

## ● 申込み情報の入力

ここでは、学校の担当者の詳細な情報を入力します。この担当者には、**各学校の校長の情報を入力してください。**

第
1
章

## ● 学校ウェブサイト設定

ここでは、ウェブサイトについての基本情報を決めます。

まずは学校ウェブサイトのURLを決めましょう。

edumapを利用する学校のURLは「○○○.edumap.jp」のような形式になります。○○○部分にあたる「サブドメイン名」を教育委員会や学校は自由に決定することができます。市区町村とその学校を他と区別できて、しかも保護者が覚えやすい短いサブドメインを考えましょう。ここで、気をつけたいことがあります。たとえば、ここで出てきた栗矢市立第一小学校、漢字表記は異なっても、「栗谷市」にも同じ「kuriya」というローマ字表記の学校があるかもしれません。サブドメインの取得は早いもの順です。**短くわかりやすいサブドメインは人気がありますから、edumapに早めに申請すると有利です。また､同じ市区町村内で学校のサブドメインの決め方を統一したい場合（例：栗矢市の場合、kuri1sho、kuri2sho、……と決めたいなど）には、一気に学校ウェブサイト構築申請を済ませてしまったほうがよいでしょう。**

**ただし、edumapの利用規約上、長期間使われない学校ウェブサイトは事業継続上の理由から削除対象になります。**申請をして学校ウェブサイトを構築したら、なるべく年度内に学校での利用を始めてください。

うちはサブドメインに学校名そのまま使えてラッキーでしたね！

そうね、変更することができないなら、慎重に決めないとね。

**サブドメインは一度決めると、後で変更することはできません。**たとえば、kuriya1-elementary-school とするつもりだったのに、タイプミスをして、kuriya1-eremantary-skool としてしまっても一度登録した後では変更できません。これまでいくつかの学校でこのような事例がありました。その場合は、一度構築したedumap上の学校ウェブサイトを削除し、ユーザ登録からやり直す必要があります。**サブドメインの入力に誤りがないか、入念にチェックをしてください。**

次に「アカウント情報の入力」です。アカウントには「教育委員会アカウント」と「(学校）アカウント」があります。教育委員会のアカウントはユーザ登録した教育委員会の担当者が使いやすいように決めるとよいでしょう。

学校で使用するアカウントは、無償版では最大三つまで取得できます。アカウント一つにつき、メールアドレスが一つ必要です。ログインID、パスワードもそれぞれ異なるものを設定します（パスワードは、安全性の高いものが自動生成されます。後から変えることも可能です）。

ここで、アカウントの設定を行う際、「ルーム内の役割」に注目します。「ルーム管理者」は、学校ウェブサイト全体の管理者の役割、「編集長」は実際の運用を行う際に記事の作成はもちろん、承認して公開する役割、「編集者」は記事を作成のみでき、承認権限は持たない役割になります。「ルーム管理者」は校長、「編集長」は学校ウェブサイト担当の副校長、「編集者」は運用にかかわるそれ以外の職員を登録しましょう。

また、ハンドル名は、学校ウェブサイトに掲載される記事の作成者として、公開されます。役割がわかりやすいよう、「○○小校長」「○○小」などとしておくと、読む方に伝わりやすくなります。

アカウント1 必須

**ログインID**

Kuri1#1

4文字以上の半角英数字、記号を入力してください

**初期パスワード**

e$Y~D4iC%y

10文字以上の半角英数字、記号を入力してください
半角で英字の大文字・小文字、数字、記号の4種類すべてを1文字以上含めてください

**ハンドル名**

栗谷一小校長

「校長」などの学校ウェブサイト上で表示されるニックネームを入力してください。

**メールアドレス**

kuriya1sho@kuriya.ed.jp

**ルーム内の役割**

ルーム管理者 ▾

アカウント1はルーム管理者のみ選択可能です。

アカウント2

**ログインID**

Kuri1#2

4文字以上の半角英数字、記号を入力してください

**初期パスワード**

u*R%&0mqTH

10文字以上の半角英数字、記号を入力してください
半角で英字の大文字・小文字、数字、記号の4種類すべてを1文字以上含めてください

**ハンドル名**

栗矢一小

「校長」などの学校ウェブサイト上で表示されるニックネームを入力してください。

**メールアドレス**

shiratori.mari@kuriya.ed.jp

**ルーム内の役割**

編集長 ▾

そうか、ここで私は「編集長」になったのね。

そうですね、僕もようやくここで出てきました！　教育委員会は……「ルーム管理者」で固定されているんですね。校長と同じ権限ですね。

緊急ですべての学校に同じ情報を掲載しなければならないときには便利でしょうね。それに、万が一校長に何かあったときに、私たちでは校長の情報を修正できないけど、教育委員会ならば修正できるわけね。年度の引継ぎなど考えると、教育委員会が申請したほうがうまくいきそうね。



### ● 学校ウェブサイトレイアウト

最後に、学校ウェブサイトのレイアウトを決めましょう。学校ウェブサイトに掲載したい内容、学校ウェブサイトのデザインなどを決めていきます。ここで決めたことは後から簡単に変更することができるので、まずは自由に考えてみましょう。

これで学校ウェブサイト構築申請の入力は終了です。

### ● 入力内容の確認

入力内容を最終確認します。誤りや修正したい箇所があれば、＜前へ で戻ってやり直すこともできますから、丁寧に確認してください。特に注意したいのは、先にも説明した学校ウェブサイトのURLです。サブドメインは後から変更することができませんから、よくチェックをして、間違えていたら、一度戻ってやり直しましょう。

入力内容を確認したら、次へ＞ をクリックし、次の画面の 一覧にある学校を申請する をクリックします。

これで学校ウェブサイト構築申請は終了です。受付番号を控えておきましょう。

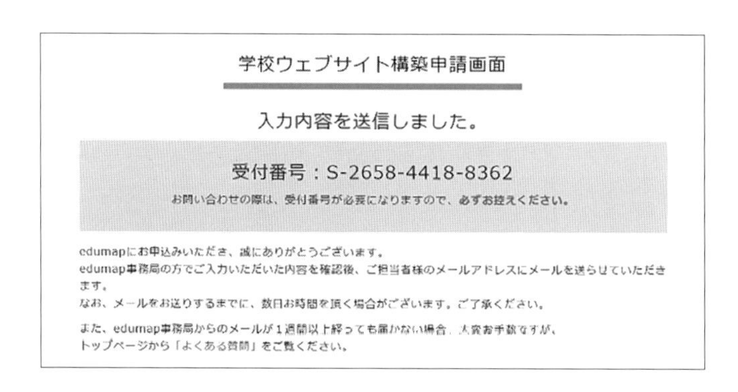


なるほど、こうして私たちが使っている、学校URLやID、パスワードを教育委員会が決めてくれたのね。

教育委員会、大変なときにすぐにやってくれてありがたかったですね。

教育委員会も情報把握できるし。お互いによかったってことね。

## 5.5　IDとパスワードのCSVをダウンロードする

学校ウェブサイト構築申請が終了し、edumapの事務局が申請内容をチェックし、問題がなければ承認されます。承認されると学校ウェブサイトは自動構築され、申請者に構築完了のメールが自動送信されます。



メールが届いたら、メールに記載されたURLからログインします。
稼働状況が「稼働中」になっていれば、学校ウェブサイトはインターネット上に公開されているということになります。

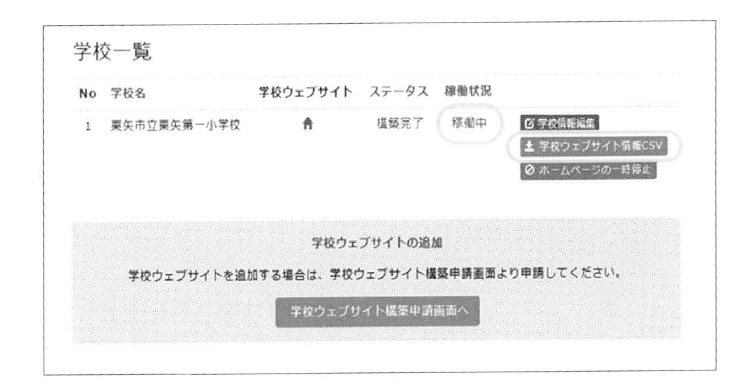


まず、［学校ウェブサイト情報CSV］をクリックして、学校ウェブサイトにログインするために必要な情報をダウンロードします。ここでダウンロードするCSVファイルには、学校ウェブサイトのURL、これから学校ウェブサイトを構築する際に必要なID、パスワード、ハンドル名、メールアドレスなど、重要な情報が記載されています。このファイルは機密性を保つため、パスワードのかかったZIPファイルでダウンロードされます。このZIPファイルのパスワードが、次のように表示されますので、必ずこれを控えておいてください。

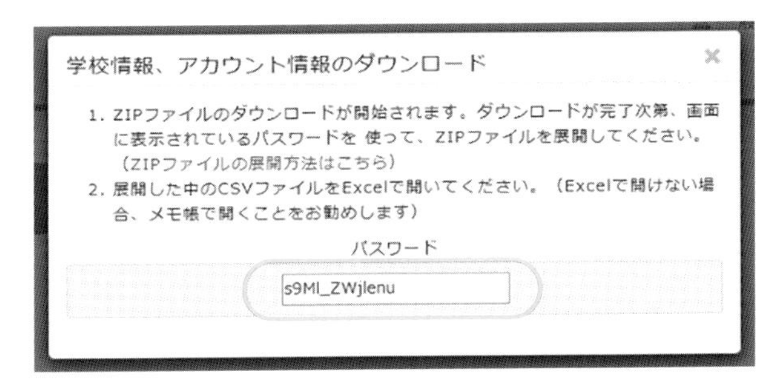

パスワードを控えて、ZIP ファイルを解凍し、

CSV ファイルを Excel で開けば学校ウェブサイト構築の準備は完了です。

教育委員会が各学校にこのファイルを送付する際には、パスワードつきの ZIP ファイルのまま送るようにします。添付ファイルとパスワードを別々のメールで送ることもお忘れなく。

私たちが今使っている ID やパスワードはこの CSV ファイルに入っていたのか。

そうですね。CSV ファイルってきくと「なんだろう？」と思うかもしれませんが、Excel で開くことができるファイルなので、安心ですよ！

## 学校ウェブサイトを検索でヒットさせるために

学校ウェブサイトを公開しただけでは、URLを知らない人には気づいてもらえません。しかし、URLを知らなくても検索エンジンに、たとえば「栗矢第一小学校」と入力したら、トップに表示されるようになれば、多くの人が、それが「栗矢第一小学校」の学校ウェブサイトだと認識するようになるでしょう。

そのためには、二つのことが必要です。一つ目は、そのページが「栗矢第一小学校のウェブサイトである」ということを検索エンジンに認識させることです。二つ目は、それが本当に「栗矢第一小学校のウェブサイト」であり、しかも「公的で重要なサイトだ」と検索エンジンに認識させることです。Googleの検索エンジンは、各ウェブページに「ページランク」をつけています。ページランクが高ければ、検索した際に上位に表示されます。検索した際に上位に表示させるノウハウをSEOといいます。

edumapでは、すでに知られているようなSEO対策はすべて行っています。しかし、それだけでは、十分ではありません。そのような技術的な対策のみであれば、アダルトサイトや詐欺サイトでもできてしまうからです。

最も効果があるのは、すでに検索エンジンによって信頼されているウェブサイトからリンクを張ってもらう、ということです。これは、アダルトサイトや詐欺サイトにはなかなかできないことですから、検索エンジンは「信頼のおけるサイトから数多くリンクされているか」をより重要視しています。

たとえば、市区町村の役場のウェブサイトは、「信頼のおけるサイト」として検索エンジンが認識していることでしょう。ですから、市区町村の教育委員会の学校一覧のページからリンクを張ることが、短期間でページランクを上げるために最も効果が高いでしょう。次に、既存の学校ウェブサイトのトップページに「○○学校のウェブサイトは、https://×××.edumap.jp/に移転しました。今後はそちらのページを参照してください」のようなお知らせを書くことも効果的です。もし、教育委員会や学校がFacebookやTwitterを活用しているようならば、edumapの学校ブログについているSNSボタンでツイートすることも効果があります。あとは地道にコンテンツを充実し、多くの保護者にアクセスされることが、ページランク向上への王道だといえるでしょう。

# 第2章　セッティングモードON！

第1章では、edumapへの申込みから学校ウェブサイトの構築、そして標準設定のまま学校ウェブサイトから情報を発信するところまでを解説しました。第2章では、標準設定以上の操作スキルを身につけたい中級者向けのedumapの使い方について、解説をしていきます。

## 1.　edumapの設計思想

edumapはNetCommons（NetCommons3）というCMSをベースに構築されています。最初にNetCommonsの設計思想や、基本的な構成を理解しておきましょう。

NetCommonsで構築されたウェブサイトには三つの「スペース」と呼ばれる領域があります。外部に公開される領域は「パブリックスペース」、ログインIDを有する人だけが閲覧できる領域は「グループスペース」と呼ばれます。そして、ログインした本人だけが閲覧できる領域は「プライベートスペース」と呼ばれます。

NetCommonsの各スペースには、複数の「ルーム」を設置することができます。たとえば、ログインIDを有する教員だけが情報共有をする「バーチャル教員室」や全教職員が参加できる「バーチャル教職員室」を作ることができます。全生徒にIDを配布したバーチャルクラスルームを作成すれば、小テストを実施したり、学年だよりを配布したり、オンライン教材を利用させたりする「バーチャルクラスルーム」を構築することもできます[1]。

ルームごとに、どの権限の人が何ができるかを設定することができます。たとえば、「バーチャルクラスルーム」ならば生徒は小テストに回答したり掲示板で先生に質問をしたりすることができる一方で、生徒は「バーチャル教職員室」にはアクセスすることができません。また、誰でも閲覧できる学校ウェブサイトには、限られた先生だけが記事を投稿できるように設定することもできます。

誰にどのような権限を与えるべきかは、サイトの目的や、組織の性質に大きく依存するため、そこをしっかりと考えて準備する必要があります。NetCommonsは多彩なウェブサイトを設計どおりに構築できる自由度がありますが、他のCMSと同様、セキュリティに十分な配慮をしないと思わぬ情報流出などのトラブルにつながるリスクもありま

1　大勢参加させる場合、年度末の異動や卒業に合わせて、IDを適切に削除する必要があります。

す。

NetCommonsを教育機関に15年以上提供してきた経験に基づき、保育園や幼稚園、小学校等、情報担当の先生がいない場合にも、安全かつ十分で、機動的に情報発信ができるような最大公約数の基本権限設定をして提供しているのがedumapです。

NetCommonsとは異なり、edumapが提供する学校ウェブサイトにはグループスペースやプライベートスペースはありません。パブリックスペースに一つのルームだけが存在する形態で提供されています。そこには、「ルーム管理者」「編集長」「編集者」「ゲスト」という四つの異なる権限の人を参加させることができます。標準設定では、教育委員会、校長には「ルーム管理者」権限が、副校長には「編集長」権限が、情報担当の教員には「編集者」権限が割り当てられています。アクセスしてくる保護者や生徒は「ゲスト」です。「ゲスト」である保護者は基本的には　学校ウェブサイトを閲覧するだけですが、「いいね！」マークをクリックしたり、アンケートに答えたり、あるいは問い合わせフォームを通じて学校に問い合わせをしたりすることはできます。

以下は、edumapが採用している権限の標準設定です。

| | ルーム管理者 | 編集長 | 編集者 | ゲスト |
|---|---|---|---|---|
| 権限設定 | ○ | | | |
| プラグイン追加 | ○ | ○ | | |
| ページレイアウト編集 | ○ | ○ | | |
| ページ追加 | ○ | ○ | | |
| 記事公開 | ○ | ○ | | |
| 公開された記事削除 | ○ | ○ | | |
| 公開された記事修正 | ○ | ○ | △ | |
| 他者の記事修正 | ○ | ○ | △ | |
| 公開前の自分の記事修正・削除 | ○ | ○ | ○ | |
| 記事投稿 | ○ | ○ | ○ | |
| 記事閲覧 | ○ | ○ | ○ | ○ |

○は「できる」、△は「できるが、その結果が実際に学校ウェブサイトに反映されるには編集長以上の承認が必要になる」を意味します。空白は「できない」です。

このことから、「ルーム管理者」である教育委員会や校長以外は、標準設定から権限を変更することができないことがわかります。ただ、**権限設定の変更が必要な場合には、教育委員会と相談をした上で極めて慎重に行ってください。**たとえば、「編集者」に対して、承認なしで記事を公開できる権限を与えて何らかのトラブルが起きたとき（例：

著作権処理が済んでいないコンテンツの掲載や、写真を公開されたくない児童の写真を誤って学校ウェブサイトに公開してしまったなど)、権限を変更した校長の責任になります。かつて、そのような事故が学校ウェブサイトで起こり、その結果、学校ウェブサイトの変更には教育委員会の事前決裁が必須になった自治体もあります。そのような事態を引き起こさないように、校長または副校長が責任を持って教職員が書いた記事をチェックし、公開するよう edumap は設計されています。

権限設定以外は、「ルーム管理者」である校長と「編集長」である副校長には権限の差がないことがわかります。標準設定以外の情報発信をしようとする場合は、校長と副校長がよく話し合って、何をするか(ページを増やす、プラグインを新規で配置する、そのプラグインに誰がどのような権限でコンテンツを書くか)を決定し、IT リテラシーを有し、より安全に学校ウェブサイトの運用ができる方が、この章の内容を読みながら、その設計書どおりに操作をするようにしてください。



## 2. プラグイン

edumap では 24 のプラグインが提供されています。そのうち、第 1 章では、主として使う「ブログ」「お知らせ」「キャビネット」「カレンダー」の使い方を紹介しました。また、edumap で構築された学校ウェブサイトを見ると、それ以外にも、「メニュー」「アクセスカウンター」「新着」などのプラグインがあらかじめ備えられていることがわかります。

「学校からのお知らせ」と「学校ブログ」がどちらも「ブログ」機能で表現されていることからわかるように、edumap では、別のタイトルで複数のプラグインを学校ウェブサイト上に配置することができることが大きな特徴です。この状態をまず確認してみましょう。

編集長以上の権限でログインすると、ページの右上に セッティングモードON のリンクが表示されます。

これをクリックすると、画面の様子が変わります。あわてず、少しスクロールダウンし、「学校のお知らせ」の右上に表示される四つのボタンのうち、歯車ボタン ⚙ をクリックしてみましょう。

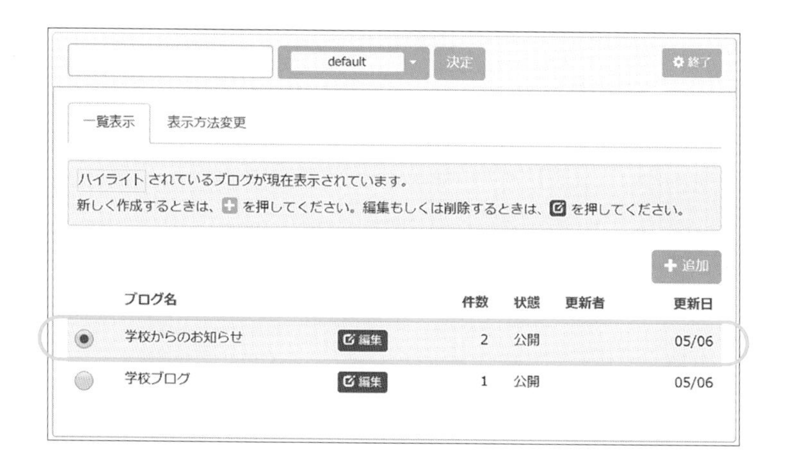


すると、この学校ウェブサイトに設置してある「ブログ」の一覧が表示されます。標準設定では「学校からのお知らせ」と「学校ブログ」の二つがあります。そのうち、ラジオボタンが選択されている ◉「学校からのお知らせ」がその場所（フレーム）に表示されているのです。

**タイトルがついている複数のプラグインによって、プラグインが構成され、ラジオボタンで選択したものがその場所（フレーム）に表示される、という仕組みはどのプラグインでも共通しています。そして、名前のついた一つのプラグインはそこに投稿された複数の記事（コンテンツ）で構成されています。**上の図の「件数」に注目すると、「学校からのお知らせ」というブログには2件の記事が登録されていることがわかります。

## 3. ページ

パソコンやスマートフォン上で一度に見られる一画面が、「ページ」です。edumapが基盤として採用しているNetCommonsは、一枚のウェブページを「お弁当箱」に見立てて、そこをヘッダー、フッター、左カラム、右カラム、センターカラムという五つの場所に分け、それぞれに「フレーム」と呼ばれる場所を確保し、プラグインを配置していきます。

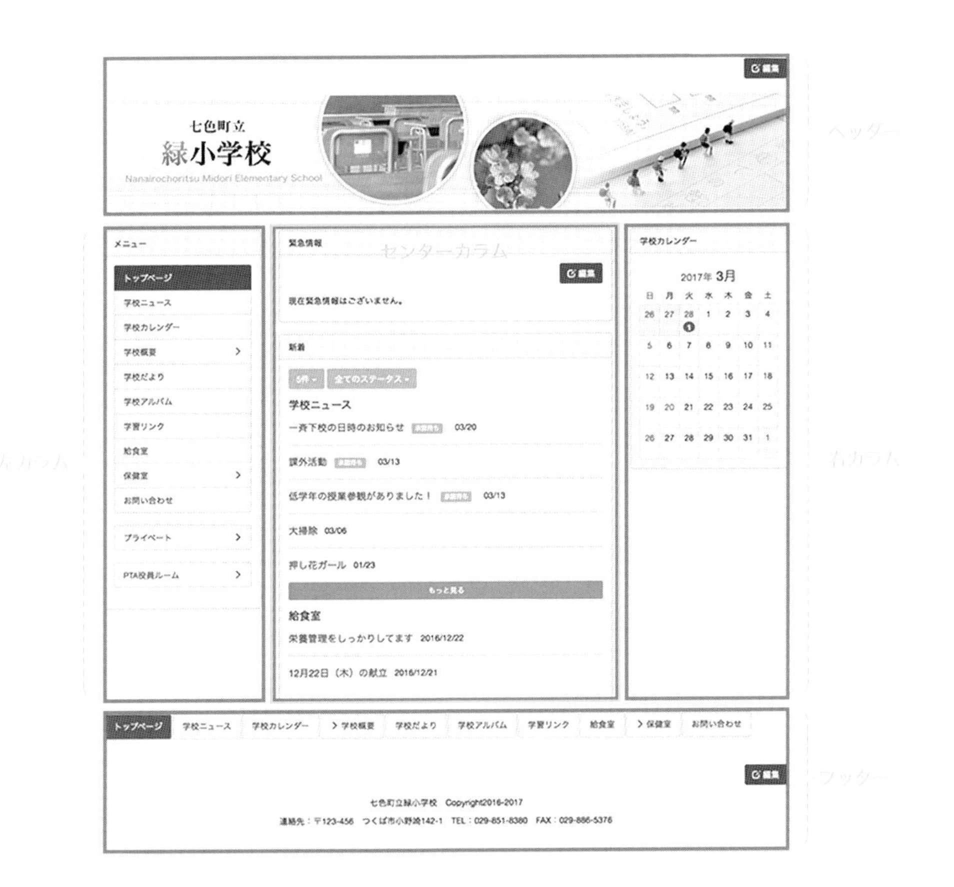


ヘッダーとフッターについては、edumap では、申請時の情報から、適切と思われる情報を抜き出して表示しています。左カラムと右カラムはページを遷移してもいつも同じものが表示される部分ですので、「メニュー」や「アクセスカウンター」を配置するのがよいでしょう。センターカラムがページのハイライトになる部分ですから、ここにそのページに相応しい情報を「足らなすぎず、詰め込みすぎず」に配置していきましょう。

新しいページを追加するには、「ルーム管理者」か「編集長」がログインした後に、ページ最上部に表示される ページ設定 をクリックします。

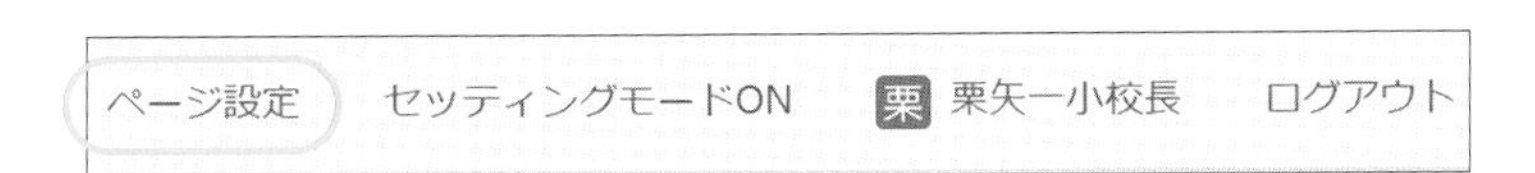


すると、現在存在しているページの一覧が表示されます。これらのページは、学校ウェブサイト構築申請をしたときに申し込んだ内容に沿って作成されています。

＋ページ追加 が一つではなく、複数並んでいます。一番上の ＋ページ追加 をクリックして「問い合わせ」というページを作成してみましょう。

ページ名とそのページへの固定リンク（URL）を決めます。デフォルトの設定があらかじめ入力されていますが、このまま決定してしまうと、公開される表示がここに書かれているデフォルトの名前のページと固定リンクになってしまうので、注意しましょう（間違っても、後で修正できます）。今回は、「問い合わせ」というページを作成するので、ページ名には「問い合わせ」と書き、固定リンクには「contact」と入力してみましょう。

ページ設定

ページ追加　レイアウト編集　テーマ設定　メタ情報の設定

パブリック

ページ名*

問い合わせ

固定リンク

/ contact

✖キャンセル　決定

入力後、 決定 をクリックします。

新たに、「問い合わせ」というページが作られ、「メニュー」の中に「問い合わせ」というページが追加されました。この「メニュー」の中でそれぞれのページの位置を変更したい場合には、ページ設定画面の中の、上下ボタン ↑ ↓ で操作します。

では、次に、「学校概要」という行の ＋ページ追加 をクリックするとどうなるのでしょう。**「パブリック」の直下にページを作成した場合と異なり**、この場合は、「学校概要」というページの下の階層に新しいページが作成されます。p.78の左の図では、学校概要の横に「>」マークが表示されています。それをクリックすると、右の図のように学校概要の下の階層として「問い合わせ」というページが表示されるようになります。

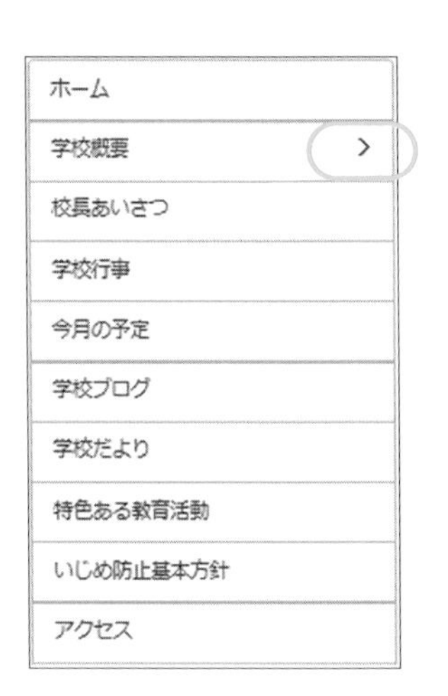

たとえば､臨時休校についての情報を一つの場所に集めたい場合には､｢臨時休校情報｣という新しいページを「パブリック」の直下に作成し、その下の階層に「オンライン教材」「健康確認アンケート」などのページを作成して、それぞれ必要なプラグインを配置します。そうすることで、ウェブサイトのあちこちに情報が散乱することを防ぐことができるのです。

## 4. 新しいプラグインを配置、作成する

設計どおりの学校ウェブサイトにするために、目的に応じたプラグインを選択して使いこなすための説明をしていきましょう。

### 4.1 既存のページに「お知らせ」プラグインを配置する

既存のページに新しいプラグインを配置するときには、「ルーム管理者」または「編集長」の権限でログインをし、当該ページに移動します。その上で、ページ上部に表示される セッティングモードON をクリックします。

すると、それまでには見えなかったボタンが多数表示されます。

ページのカラムごとに［プラグイン追加］が表示されています。どのカラムにもプラグインを新たに追加することができる、という意味です。ここでは、「ホーム」のページのセンターカラムの一番上に「お知らせ」プラグインを配置することを想定して、操作してみましょう。

センターカラム上部に表示されている［プラグイン追加(センター)］をクリックします。すると、次の図のように、追加できるプラグインの一覧がポップアップ画面で表示されます。

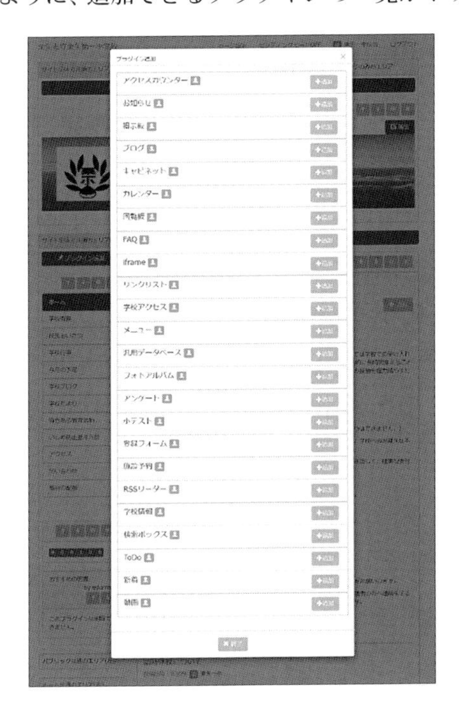

「アクセスカウンター」プラグインから「動画」プラグインまで、24のプラグインが提供されていることがわかります。このうち「お知らせ」プラグインの ＋追加 をクリックします。

すると、この場所に「お知らせ」を書くためのエディタが表示されます。

第1章で紹介した「校長あいさつ」を書くのと同じ要領で、お知らせしたい内容をここに入力します。「ブログ」プラグインは新しい記事を次々追加することで日々新鮮な情報を提供できますが、「お知らせ」プラグインは同じ情報が同じ場所に固定されます。「お知らせ」の情報を修正したり追記しても、閲覧する側が気づかないことも多く、混乱を招く原因になります。「お知らせ」プラグインにすべての情報を書き込もうとせず、重要なお知らせのみを短く書いたり、どのページにどんな情報が書かれているかリンクを張ったりと、「交通整理」だけに使用するのが賢明な使い方です。

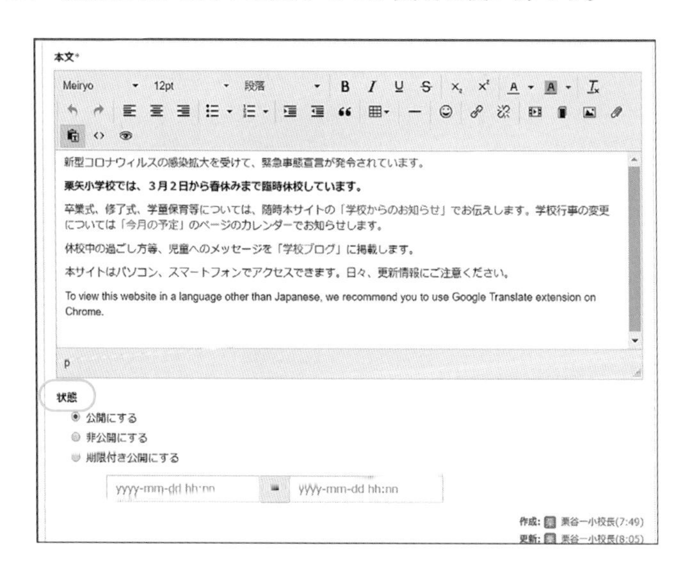

内容を入力した後に、エディタの下にある「状態」に注目しましょう。

お知らせは、すぐに公開してもよいですし、下書きとして保存して公開すべきときに公開してもよいですし、期限をつけて、「来週の月曜日から金曜日の間だけ表示する」ということもできます。標準設定では、決定をクリックするとすぐに公開されます。

この「お知らせ」プラグインの右上に四つのグリーンのボタンがついています。

**edumapには、ボタンの色にそれぞれ意味があります。「緑は安全」「黄色・オレンジは注意」「赤は取り返しがつかない」です。**緑カラーのボタンを押した場合には、「表面的な編集」であって、すぐに元に戻すことができます。たとえば、一番右端の×をクリックしてみましょう。

**すると、次のような確認メッセージが表示されます。**

「フレーム」というのは、このお知らせを表示するために確保している「枠」のことです。OKをクリックしてフレームを削除すると、お知らせは一旦見えなくなりますが、ここであわてずに、右上の⚙をクリックしてみましょう。すると、これまで保存されてきたお知らせの一覧が表示されます。どのラジオボタン(一番左側の◯)もオフになっていることがわかります。

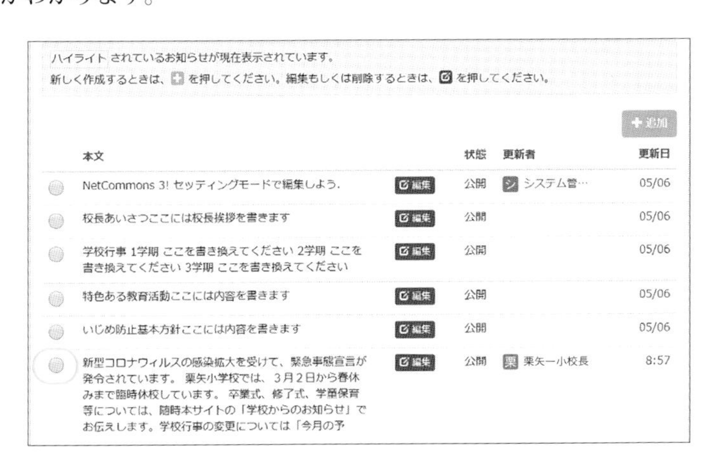

ハイライト されているお知らせが現在表示されています。
新しく作成するときは、＋を押してください。編集もしくは削除するときは、✎を押してください。

＋追加

| | 本文 | | 状態 | 更新者 | 更新日 |
|---|---|---|---|---|---|
| ◯ | NetCommons 3! セッティングモードで編集しよう。 | 編集 | 公開 | シ システム管… | 05/06 |
| ◯ | 校長あいさつここには校長挨拶を書きます | 編集 | 公開 | | 05/06 |
| ◯ | 学校行事 1学期 ここを書き換えてください 2学期 ここを書き換えてください 3学期 ここを書き換えてください | 編集 | 公開 | | 05/06 |
| ◯ | 特色ある教育活動ここには内容を書きます | 編集 | 公開 | | 05/06 |
| ◯ | いじめ防止基本方針ここには内容を書きます | 編集 | 公開 | | 05/06 |
| ◯ | 新型コロナウィルスの感染拡大を受けて、緊急事態宣言が発令されています。栗矢小学校では、3月2日から春休みまで臨時休校しています。卒業式、修了式、学童保育等については、随時本サイトの「学校からのお知らせ」でお伝えします。学校行事の変更については「今月の予 | 編集 | 公開 | 栗 栗矢一小校長 | 8:57 |

先ほど、×を押して見えなくなったのは「新型コロナウイルスの感染拡大を受けて……」というお知らせでしたから、これを選択すると、先ほどの記事が再び表示されます。つまり、「フレームを削除」しただけでは、コンテンツそのものは削除されません。この画面を終了するには、上部に表示されている 終了 をクリックします。

一方、この「新型コロナウイルスの感染拡大を受けて……」というお知らせを本当に削除したい場合には、 編集 をクリックして一番下に表示される 削除 をクリックします。

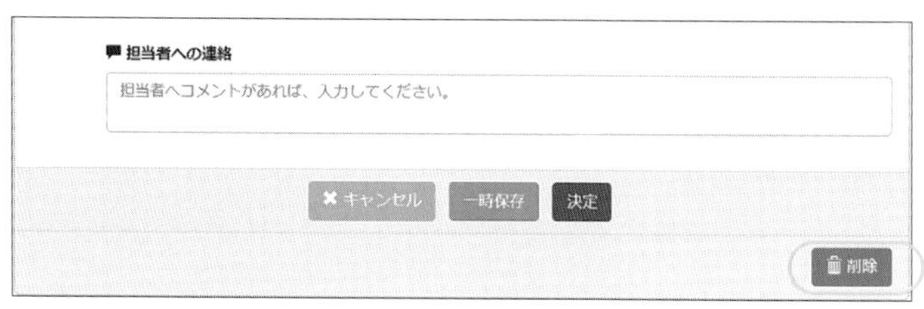


**赤は「取り返しがつかない操作」である**ことを思い出してください。特に、ごみ箱マークがついている**赤の削除ボタンをクリックすると、コンテンツはサーバから削除されますから、決して元に戻すことはできません**。

ポイント

1. 権限の変更は事故のもと。なるべく変更しない。
2. ボタンのカラーで操作の意味を覚える。**「緑は安全」「黄色・オレンジは注意」「赤は取り返しがつかない」**。
3. 「お知らせ」プラグインの新規追加は、「セッティングモード ON」→ プラグイン追加 →「お知らせ」を選択→コンテンツの作成 → 決定 。
4. すでに作成した「お知らせ」の中からコンテンツを選択して表示するには、「セッティングモード ON」→「プラグイン追加」→「お知らせ」を選択→右上の をクリック→表示すべき「本文」を選択→ 終了 をクリック。

## 4.2 新規ページに「登録フォーム」プラグインを配置する

先ほど追加した「問い合わせ」というページに「登録フォーム」プラグインを配置してみましょう。「登録フォーム」プラグインは、問い合わせフォームや、イベントの申込みなどに利用することができる便利なプラグインです。たとえば、PTA 主催の講演会への申込みなどに利用すると、①生徒が申込み用紙を保護者に渡し忘れたり、提出し忘れたりすることがなくなる、②申込み用紙から参加者リストを手作業で写す必要がない、③申込み状況をリアルタイムで確認できる、のような利点があり、取りまとめの手間が 10 分の 1 どころか、100 分の 1 以下になります。

今回は、この「登録フォーム」プラグインを利用して、児童や地域の未就学児を持つ保護者が学校に問い合わせをする「問い合わせフォーム」を作ってみましょう。

まず、先ほど新規で作成した「問い合わせ」というページに移動して、セッティングモードON をクリックします。プラグイン追加(センター) をクリックし、「登録フォーム」プラグインの ＋追加 をクリックします。

登録フォーム default 決定 終了
一覧表示
新しく作成するときは、＋をクリックしてください。
＋追加
登録されていません。

上部に「登録フォーム」と書かれています。この部分を「フレームタイトル」といいます。最初は、デフォルトで「登録フォーム」と表示されています。ここに「問い合わせ」や「お問い合わせはこちらから」などのタイトルを入力します。空欄にしても構いません。今回はここを空欄にした上で、右にある 決定 をクリックします。

その後、右下にある ＋追加 をクリックして、「問い合わせ」用の登録フォームを配置します。

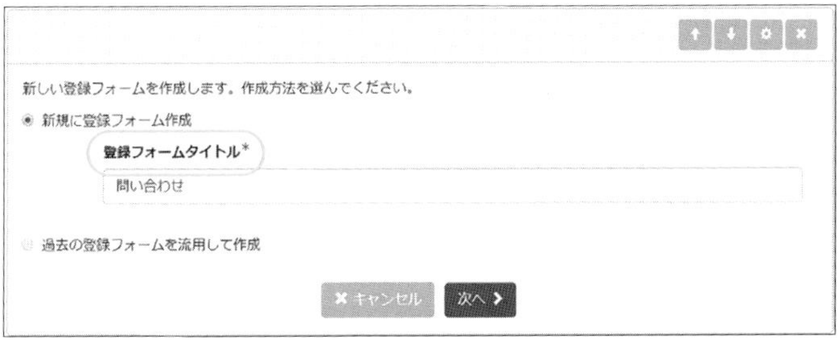

新しい登録フォームを作成します。作成方法を選んでください。
新規に登録フォーム作成
登録フォームタイトル*
問い合わせ
過去の登録フォームを流用して作成
✖キャンセル 次へ＞

新しい登録フォームのタイトルを入力します。このタイトルは、「フレームタイトル」とは異なり、これから配置する登録フォームのタイトルです。今回は「問い合わせ」というタイトルで作成しましょう。次へ＞ をクリックします。まずは問い合わせる際に入力してもらう項目とその形式を決めましょう。ここで、しっかりと入力項目と形式を決めないと、匿名のいたずらが増えたり、こちらから返信をしたい案件なのにもかかわらず、連絡先メールアドレスがない、などのトラブルにつながります。

今回は「保護者名（必須、テキスト）/児童名（テキスト）/児童学年（リストボックス）/連絡先メールアドレス（必須、メールアドレス）/返信の要・不要（必須、択一式）/問い合わせ内容（必須、記述式）」を入力してもらうことにします。

最初に「新規項目１」と書かれている部分をクリックします。すると、この新規項目の詳細を入力する画面が表示されます。

最初の項目名として「お名前」というタイトルを入れ、「この項目の登録を必須とする」にチェックを入れます。形式は、「択一式」「複数選択」「テキスト」「記述式」「日付と時間」「リストボックス」「メールアドレス」「ファイル」から選ぶことができます。 名前は「テキスト」形式を選ぶとよいでしょう。

入力してほしい項目を次々に設定していきます。電話番号を入力してほしい場合は、形式をテキストにした上で、「入力を数値で求める」にチェックを入れるとよいでしょう。項目入力の際に説明文が必要な場合は、説明のところに文章を入れます。たとえば、「電話番号はハイフンなし、すべて半角数字で入力をお願いします。」のようにただし書きをつけると親切です。

内容が決まったら、上部または下部にある ＋項目の追加 をクリックして、入力してもらう他の項目を入れていきます。すべての項目を正しく設定し終わったら、下部にある 次へ > をクリックします。

次へ > をクリックしたら、ここでは、この登録フォームから問い合わせがあったときに、どのように作動させるかを決めます。

（1）**メール配信設定**：チェックをすると、問い合わせがあったことが「ルーム管理者」に送信されます[2]。

（2）**登録期間**：この登録フォームはイベントなどへの参加申込みにも使うことができます。その場合、申込み期間を設定すると便利です。

（3）**登録数制限**：参加できる人数に上限がある際の、イベントなどへの参加申込みに

2　2020年8月1日現在は、edumapではこの機能は利用できません。

使うことができます。

（4）**認証方式**：ロボットによる攻撃や、学校に無関係な人からの登録やいたずらを防止するために、画像認証か認証キーを使うことができます。認証キーは、第1章の「キャビネット」プラグインのダウンロードパスワードの箇所（p.48）で解説したように、事前に保護者に緊急連絡メールで送っておきましょう。そうすれば、認証キーを知らない匿名の第三者からの問い合わせを防ぐことができます。

（5）**サンクスページメッセージ設定**：問い合わせや申込みをした人に自動で表示する画面のメッセージを入力します。たとえば、「お問合せを受け付けました。内容は必ず、校長・副校長が確認し、必要であればご登録いただいたメールアドレスまたはお電話番号に折り返しお返事を差し上げます。」や「講演会へのお申込みを受け付けました。お手数ですが、この画面を保存し、当日会場にお持ちください。」といったメッセージを書き込みます。

第2章

必要な設定が終わったら、決定 をクリックします。今回は、画像認証にチェックを入れたので、問い合わせの最初の画面は、画像認証画面になりました。

問い合わせ内容を確認するには、ログインして、上部の をクリックします。

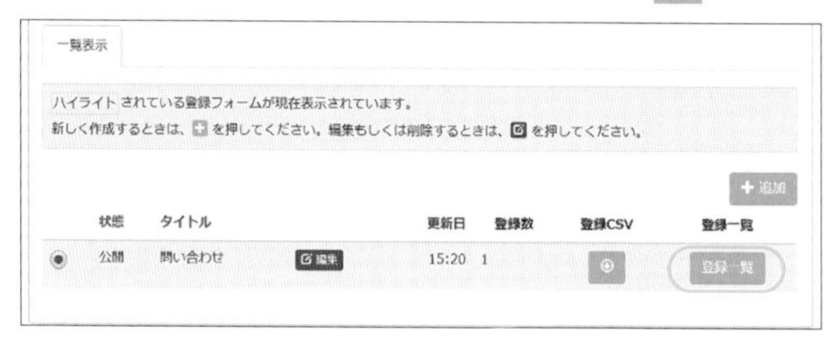


登録一覧 をクリックすると、これまで登録した人の内容を一覧で見ることができます。「登録CSV」の をクリックすると、登録一覧をCSV形式でダウンロードできます。これはID、パスワードのダウンロードと同様に、Excelで閲覧することができるので、年間の学校への問い合わせの頻度や内容、イベントの申込み状況などを管理するのに大変便利です。

## 4.3 「アンケート」プラグインで保護者アンケートを実施する

「アンケート」プラグインの使い方は、「登録フォーム」プラグインとほとんど同じです。ただし、項目名の代わりに、質問を追加していきます。

第１章に登場した栗矢第一小学校が、３月２日から始まった休校の最初の一週間の児童の様子を保護者にアンケート調査をすることを想定したものが上の図です。追加する質問タイトルにアンケートのタイトルを入れ、このアンケートの趣旨を「質問文」に記入します。「その他の選択肢を追加」にチェックを入れると、「その他」の内容にテキスト入力できるようになっています。

アンケートの質問形式には、以下のようなものがあります。

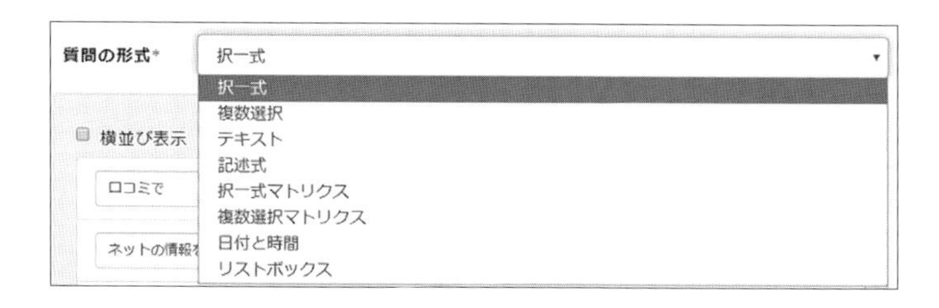


また、表示方法も縦並び、横並び、ランダム表示などがあります。質問４に「はい」と答えた人にだけ質問５～８に答えてほしい、というような「スキップロジック」付きアンケートにも対応しています。

さらに、選択肢に言葉や文章だけでなく図や数式を使うこともできます。これだけ豊富な回答形式があれば、どんなに複雑なアンケートにも対応できるでしょう。最後にアンケートに対するサンクス文を記入して、アンケートを一時保存します。

一時保存している間は、アンケート作成者や「ルーム管理者」が試しに何度も回答して修正することができます。１ページに表示する質問項目が多すぎないか、回答形式が適切かなど、関係者で何度かリハーサルをした上で、決定 をクリックし、本番を実施するとよいでしょう。

回答する側から見える画面では、上部に「プログレスバー」が配置されています。これを見れば、今アンケートの何％くらいまで答えているのかがわかるように配慮されています。忙しい保護者も、「あとどれくらい答えれば終わるか」の目安がつき、答える上で心理的な負担が軽減されるでしょう。

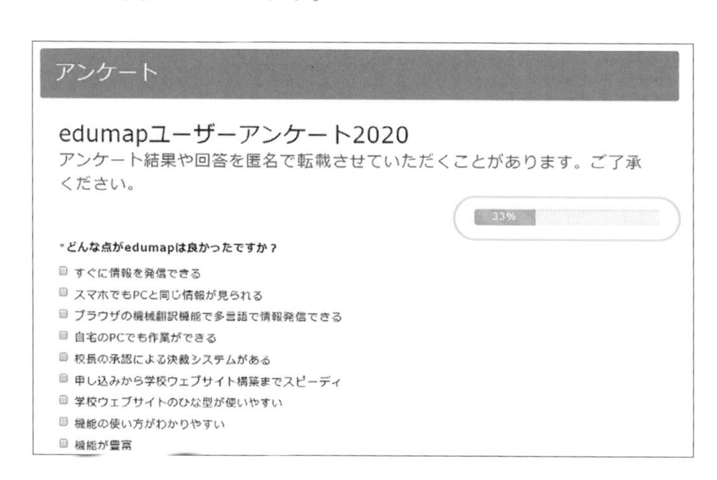

保護者を対象にアンケートを実施したい場合には、回答する期間を設定し、保護者に認証キーを伝えた上で、アンケートを実施しましょう。認証キーを知っている人のみがアンケートに答えられるため、安全に運用することができます。下のＱＲコードを読み取って、実際に認証キー（Wt8hqGzi）を用いたアンケートを体験してみましょう。

新型コロナウイルス感染拡大による休校期間には、edumapを利用している多くの学校が、児童･生徒の体調や学習状態を把握するために、このアンケートを活用しました。もし、アンケート機能がなかったなら、登校日に生徒にアンケートを紙で配布し、次の登校日に持参させるという方法以外に児童・生徒の様子を把握する方法がなかったことでしょう。

QRコードを読み
取って実際に確認！

## 4.4 「汎用データベース」プラグインでプリントを配布する

教員が手作りしたプリントを児童・生徒に限って学校ウェブサイトから提供したいこともあるでしょう。そんなときは、汎用データベースが便利です。

他のプラグインを配置するように、まず「教材の配布」というページを新規で作成し、そのセンターカラムに「汎用データベース」プラグインを追加します。新規で「汎用データベース」プラグインを追加するので、クリックすべきボタンはもうわかりますね。＋追加 です。すると、新規の「汎用データベース」プラグインの標準設定画面が出てきます。小学校でプリントを配布するならば、タイトルや概要のほか、科目名、学年、単元、作成者名などの情報が必要でしょう。必要な情報は「追加」できます。科目名や学年は択一式、単元や作成者名はテキストで入力するように設定します。それぞれ入力を必須にするか否かを明確にしましょう。

最後に、提供する「教材」を属性「ファイル」に設定します。このとき、「ファイルのダウンロード回数を表示する」にチェックを入れると、何人くらいがその教材をダウンロードしたかを把握することができます。さらに「ダウンロードパスワードを設定できる」にチェックをすれば、ダウンロードパスワードを知っている特定の範囲にだけ教材を配布することができるようになります。

従来から著作権法では、学校等の教育機関の授業において、教育を担任する者が授業を受けている者（児童・生徒）に対して、授業の過程の中で著作物を無断・無償で利用することを認めてきました。さらに、テレビ会議システムなどを用いた遠隔合同授業が技術的に可能になり、さらには児童・生徒一人一台タブレット等の政策が推進される中、ICTを活用した教育に配慮し平成30年に著作権法が改正されました。

改正著作権法では、学校等の教育機関の授業で、予習・復習用に教員が他人の著作物を用いて作成した教材を生徒の端末に送信するなど、ICTの活用により授業の過程で利用するために必要な公衆送信について、個別に著作権者等の許諾を得ることなく行うことができるようになります。ただし、無償ではありません。著作権者等の正当な利益の保護とのバランスを図る観点から、利用にあたって教育機関の設置者は、文化庁長官が指定する機関「一般社団法人授業目的公衆送信補償金等管理協会」(SARTRAS)に補償金を支払う必要があります[3]。

学校や先生が教育を目的として児童生徒向けに行う公衆送信がすべてこの枠組みの中で許可されるわけではありません。たとえば、**誰もが見ることができる状態で学校ウェブサイトやYouTubeなどに教材等を公開することは、35条の例外規定にはあたりません**[4]。訴訟リスクも小さくありません。

授業を受ける児童生徒だけが資料を入手できるよう、ダウンロードパスワードやダウンロード期間の適切な設定を心がけましょう。

栗矢第一小学校では、休校期間中、汎用データベースに先生方が教科書などを参考にしながら手作りプリントを作成し、ダウンロードパスワードつきの教材を次々にアップロードしていきました。各コンテンツに科目と学年のラベルをつけ、検索で絞り込みができるようにしてあるので、自分用の課題をすぐに見つけることができました。読者の皆さんは、実際のサイトで、教材を学年で絞りこんだり、パスワード(3nv63L%)を使ってダウンロードをしたりしてみてください。

QRコードを読み取って実際に確認!

## 4.5　その他のプラグイン

ここまで解説してきたプラグインが使えれば、公開する学校ウェブサイトとして使う機能としては十分です。「フォトアルバム」プラグインや「動画」プラグインなど、気

3　令和2年についてはこの補償金は無償と定められました。
4　「2020年度補償金制度利用に関するFAQ」https://sartras.or.jp/seidofaq/ より。

になるプラグインがあることでしょうが、edumapの無償版の容量は5GBまでです。「フォトアルバム」プラグインや「動画」プラグインを多用すると、すぐに容量を超えてしまいます。動画を配信したい場合は、第1章で紹介したように、無料の動画サイト（YouTubeなど）に動画をアップロードし、そのURLをブログや汎用データベースに貼り付けるという方法をedumapでは推奨しています。

## 著作権に関して

edumapでは、誰もが簡単に記事をウェブサイトにアップできますが、著作権に関しては注意が必要です。

まず、学校のウェブサイトに児童生徒の写真を掲載する場合です。人の顔は、その人の人格を代表するものとして、勝手に自分の知らないところで利用されたりしないようにする権利を各人が持っています。これが「肖像権」というものです。児童生徒の写真を掲載する場合には、本人・保護者の許諾を必ず取るようにします。さらに、ウェブサイト内に、許諾をとった旨を掲載しておくことも必要です。また、許諾をとっていても、掲載する場合は、顔がはっきりわかるものや、名前がわかるものは避けるようにしましょう。

児童生徒の作品（絵画や工作作品、作文など）にも注意が必要です。これらにはすべて「著作権」が発生しますので、掲載の際には許諾が必要です。新聞の切り抜きや外部団体のポスター、他のウェブサイトや雑誌の写真なども同様に著作権の許諾が必要です。マンガなどに登場するキャラクターについても自由に使えるわけではありません。自分でまねて書いた場合も他人が見てすぐそのキャラクターだとわかるような場合には、著作権侵害となりますので注意しましょう。

edumapでは、他の動画サイトにリンクして動画を掲載している学校も見受けられます。動画にBGMを使用しているものもありますが、JASRACや作詞家・作曲家の許諾を得る必要があります。また、校歌の音源や歌詞を掲載する場合には以下の注意が必要です。

① JASRAC が著作権を管理する校歌を掲載する場合は、JASRAC に所定の申込書を提出すれば、当分の間使用料を免除されます。

② 学校ウェブサイト以外（同窓会のウェブサイトなど）に掲載する場合は、使用料が発生します。

③ JASRAC が著作権を管理していない場合は、直接権利者に問い合わせる必要があります。

学校ウェブサイトに記事を掲載する場合は、以上のようなことに十分注意しながら、安易にコピー＆ペーストすることなく、権利に配慮しつつ、正確でスピード感ある情報発信をしていきましょう。

# 第3章　問い合わせ・有償サービスを利用する

## 1.　困ったときには

edumapを使っていると、この本だけでは解決できない様々な疑問や悩みが出てくることでしょう。あるいは、追加できるプラグインの活用方法や権限設定などについても詳しく知りたくなることがあるかもしれません。

edumapにこれから申し込む方は、edumapのホームページの上部メニューに表示されている「よくある質問」をクリックしてください。そのページには、「お申込みする前に」と「学校ウェブサイト構築について」に関してのよくある質問集（FAQ）がまとめられています。FAQはedumapのバージョンアップ等に伴い、随時更新していますので、お申込みの前にぜひ内容を確認してください。

edumapをすでに使い始めた方は、次のような方法でedumapに関する疑問を解決してください。

### 1.1　NetCommons3のオンラインマニュアルを活用する

edumapはNetCommonsというCMSを基盤として構築されています。edumapに配置されているプラグインの多くはNetCommons3と共通です。ですから、edumapのプラグインの詳しい使い方を知るには、NetCommons3のオンラインマニュアルを活用するとよいでしょう。

検索エンジンに、「NetCommons3 マニュアル」というキーワードを入力して検索してみましょう。すると、トップに「NetCommons3オンラインマニュアル」（http://manual.netcommons.org/メインページ）が表示されます。

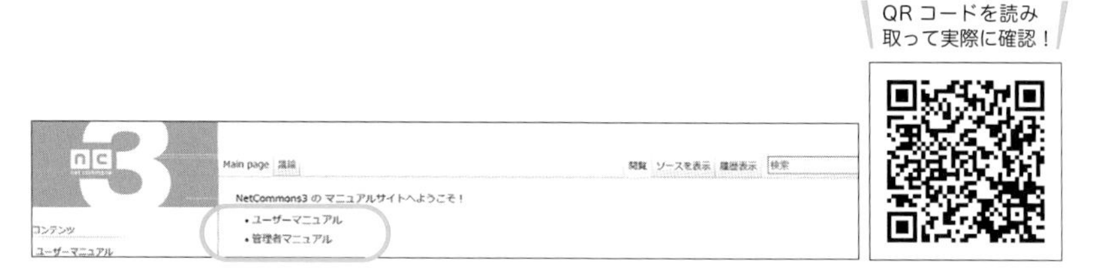


「ユーザマニュアル」と「管理者マニュアル」がありますが、edumapでは、ユーザにサイト管理の権限を与えていないため、すべて「ユーザマニュアル」を参照してください。画面右上に検索窓がついていますので、調べたいプラグインや内容をキーワードとして入力すると情報が得られやすいでしょう。

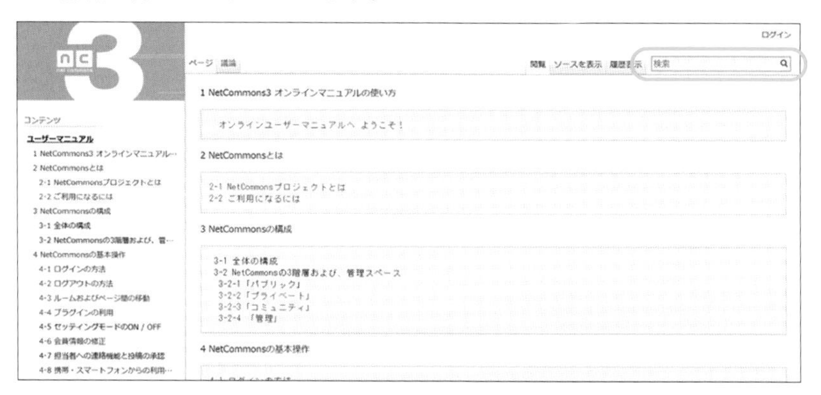




## 1.2 ユーザ用FAQを活用する

NetCommons3とedumapには異なる部分もあり、NetCommons3の「ユーザマニュアル」だけでは問題が解決しないかもしれません。そのようなときは、edumapのウェブサイト（https://edumap.jp）にログインし、「サポートルーム」にアクセスします。

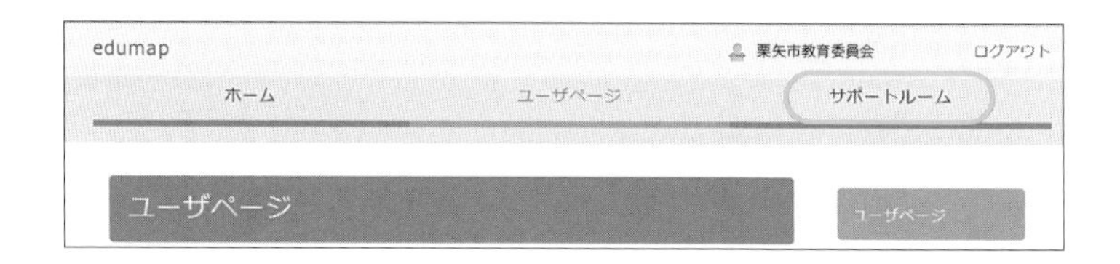


このedumapのウェブサイトにログインできるのは、ユーザ登録した担当者だけです。教育委員会としてユーザ登録した場合には教育委員会の担当者が、学校としてユーザ登録した場合には、その際の担当者がIDを持っています。

実際に、edumapを使っていて困ったことが起きて、問い合わせをしたいのは、学校の担当者でしょう。その場合は、教育委員会のedumap担当者にまず相談をしてください。すでに他校で類似の問題があればそこで解決できます。もし、解決できなかったときには、教育委員会の edumap 担当者が edumap のウェブサイトにログインして、「サポートルーム」を開きます。そこには、これまで他のユーザから届いた質問が FAQ の形式でまとめられています。FAQ の上部には検索ウィンドウが配置されています。キーワードを入れて、検索してみましょう。同じ疑問にぶつかったユーザからの質問に対する回答がきっと見つかることでしょう。

## 1.3　サポート掲示板（フォーラム）を活用する

FAQ を調べても問題を解決できないときには、edumap のウェブサイトにあるユーザだけが利用できる「掲示板」で質問をしましょう。

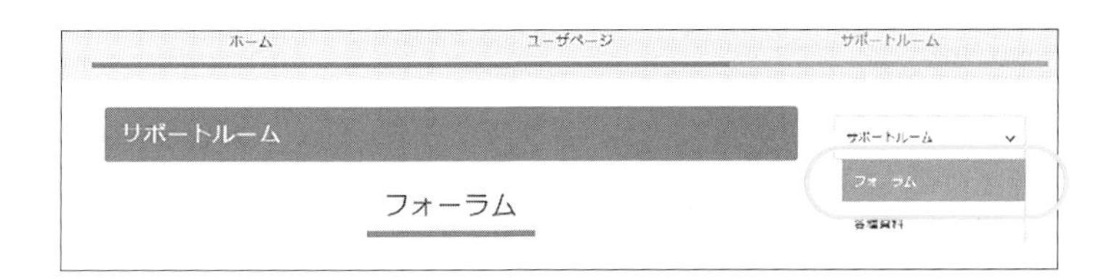


「サポートルーム」内の「フォーラム」をクリックします。

「掲示板」の右上に表示されている ＋追加 をクリックして、困っている内容を投稿します。edumap の運営担当者だけでなく、すでに edumap を使いこなしている学校からアドバイスを得られるかもしれません。

掲示板に投稿する際には、情報のまとめ方に注意が必要です。自分が操作している画面を他の人は見ることができません。しかもトラブルに直面しているときにはパニックに陥っています。そのようなときに、困っている状況を文章で正確に第三者に伝わるようにまとめるのはなかなか難しいでしょう。ですが、それができないと問題解決に至るのは困難です。たとえば、「ブログに投稿をしたのですが、消えてしまいました。どうすればよいですか。」のような質問の仕方では、サポートする側も状況が把握できず、適切なサポートができません。

早期問題解決のためには、次のことに留意して情報をまとめるようにしましょう。

- どの権限で操作しているか（「ルーム管理者」「編集長」「編集者」「ゲスト」）。
- どのウェブサイト（URL）に配置している、どのプラグインで起こっている問題か。特に問題が起きているページのURLを含めて伝えるとわかりやすいでしょう。
- 操作した手順と起きている現象はわかりやすく、箇条書きなどで書けているか。わかりやすいように箇条書きでまとめましょう。
- 使用しているブラウザおよび端末の種類とOSのバージョンは何か。
- 当該の現象は再現するか（その現象は他の人や他の端末で同様のことをしても起こるか、スマートフォンからアクセスした場合にも起こるかなど）。

特に、最後の「再現するか」は重要です。

再現しない場合、操作ミスであったり、ブラウザのバージョンやOSが古すぎて、セキュリティ上の理由からedumapが使えない端末であったりという可能性が高いです。スマートフォンや自宅の端末で同じ問題が発生しない場合は、学校で使っているブラウザやOSを最新にしましょう。

また、**掲示板に投稿すると、その内容は他のedumapユーザにも公開されますので、個人情報やセキュリティに関する情報（IDやパスワードを記載する、個人名の入っている画面キャプチャを貼り付ける等）は入力しないようにしてください。**

投稿があると、その日のうちにedumapの技術担当や管理者に質問内容が届きます。内容を読んで、システムのバグである可能性があるか、操作ミスかなど判断をしてからの回答となりますので、回答には数日を要することがあります。

### 1.4　問い合わせフォームを使う

「掲示板」で質問しにくい内容の場合、「サポートルーム」内に設置してある「問い合わせフォーム」からお尋ねください。たとえば、セキュリティや個人情報に関する問題、外部からの攻撃等のトラブルなどは、掲示板ではなく、「問い合わせフォーム」を活用してください。

しかし、edumapは全国の学校や保育園・幼稚園に原則無償で学校ウェブサイトを提供しています。全国には4万を超える学校等があり、無償で学校ウェブサイトを持続して提供すること自体がとても大変なことです。edumapを提供する「教育のための科学研究所」も、協力するNTTデータやさくらインターネットも、安定してサービスを提供することにほぼすべての資源を集中しているため、営業マンやコールセンターの要員は置いていません。ですから、皆さんには、できるだけ、この本やFAQを使って問題解決をお願いしたいのです。また、先行してedumapを利用して経験を積んだ教育委員会や学校は、後から使い始めた学校に対して、「掲示板」を通じて、問題解決に手を貸していただけるようお願いいたします。

## 2. 有償サービスを利用する

edumapを利用するのは原則無償です。無償の場合の契約内容は以下のとおりです。

1．容量は最大5GBまで。
2．発行するアカウントは1学校につき、最大四つまで。
3．edumapが規約で定めた広告を表示する。
4．規約で定めた学校等以外は利用できない。
5．教育委員会や社会福祉法人が申し込んだ場合には、その所管する学校を管理する画面が提供される。学校が単独で申し込んだ場合には、教育委員会用管理ツールは提供されない。

この五つの条件を変更したい場合には、別途有償の契約が必要になります。ただし、edumapの有償サービス契約は、すべて「年度区切り」です（これはサーバ会社との契約コストを最も安くするため、契約種別を年度契約にしているためです）。

これからedumapを利用する機関は、申込みの際に、併せて有償オプションを追加することができます。すでにedumapを利用している機関は、ログインした画面に次のように管理している機関の一覧が表示されます。

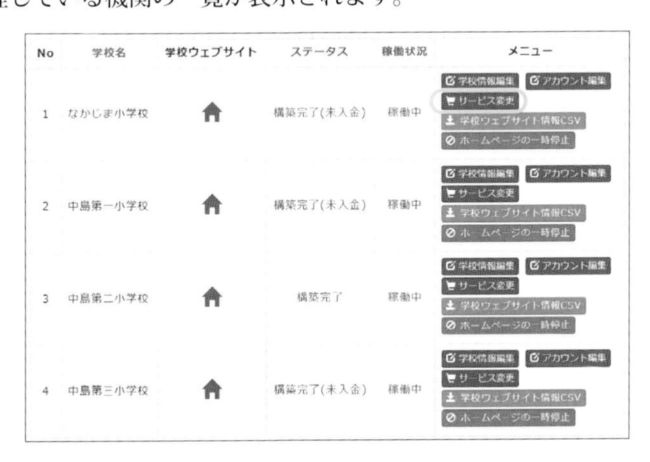

この中の サービス変更 をクリックして、必要な有償オプションを選択してください。

有償サービスは必要に応じて学校ウェブサイトごとに選択します。見積書、請求書、領収書は学校を宛名としてデジタル発行されますので、この画面からダウンロードしてください。

有償サービスでは、年度の途中に契約しても割引はありません。4月に申し込んでも、12月に申し込んでも1年度分の費用がかかります。有償サービスに申し込むと、見積書が自動メールにて送信されると同時に、サービスが開始されます。そして、サービス開始後に納品書と請求書が自動メール配信されますので内容をご確認ください。また、会計処理について自治体独自のルールがある場合には、特約事項として別途事務手数料がかかりますので事前に内容をご確認ください。

## 2.1 容量を増やす

最新のスマートフォンで撮影した写真は、非常に解像度が高く、一枚当たり1～3MBほどの容量になります。動画であればその10倍程度の容量になることもしばしばです。1GBは1MGの千倍、つまり5000枚の写真をリサイズ（画像の解像度を下げるなど工夫をすること）せずに日々学校ウェブサイトにアップし続けると、2年程度で容量がいっぱいになってしまう可能性があります。他にも、学校だよりをイラスト入りで書き、画像で保存してPDF化すると、やはり1MBを超えることがあります。

edumapでは原則無償で学校ウェブサイトを提供することを目指しています。ですので、①写真の解像度を下げて、長く無償で使えるようにすること、②外部の動画配信サービスを活用すること、をお勧めしています。

それでも、edumapを数年使い、容量がいっぱいになって更新ができなくなってしまったときには二つの選択肢があります。

1. 古い写真や学年だより類を削除し、容量に余裕を持たせること。
2. 有償で追加容量を申し込むこと。

なるべく無償で使い続けられるよう上記1のように、学校だより類は年度ごとにまとめ、2年前より古いものはフォルダごと削除するなどして、容量を増やさない工夫をしてみてください。

## 2.2 アカウント数を増やす

edumapを活用し始めた多くの学校から、学校ウェブサイトがこれほどまでに重要であることに改めて気づいた、平時にも活用を続けたいとの感想が寄せられています。ただ、アカウントが三つしかないと、校長、副校長、情報担当の3人の先生しか情報発信の担い手になれません。生徒の心身や精神の健康への配慮については保健室担当教職員が、給食については給食担当の教職員が情報を発信することが本来は望ましい姿でしょう。

edumapのアカウント（IDとパスワード）を教職員全員で使いまわすという学校も一部にあるようですが、情報セキュリティ上、その利用の仕方はお勧めできません。教職員全員でそれぞれの持ち場から専門性をもって情報発信をし、それを校長・副校長が決裁をする、というのが最も健全かつ合理的な学校ウェブサイトの運営の在り方です。その場合は、必要なだけアカウントを増やす必要があります。

## 2.3 広告を外す

edumapは、原則無償のサービスであるため、広告収入に頼らざるを得ません。そこで規約で定めている範囲で学校ウェブサイトに広告を掲載しています。提供しているのが学校であることに最大限配慮し、限定的な広告のみを配置し、現在は、信頼のおける非営利団体が推薦した絵本や児童書などの広告を掲載しています。

それでも、自治体のガイドライン上、どのような広告であっても外したいというご要望はあることでしょう。広告を外すためには、有償サービスへの変更が必要になります。



## 2.4 学校以外の団体でも利用したい

子どもの保育や教育に携わっているのは法律で定めた学校等に限りません。たとえば、教育委員会、教育センター、給食センター、児童館、夜間中学、フリースクールなど様々な組織や団体が子どもの保育や教育に関わっています。edumap参加校には、周辺の不審者情報や熊の出没情報などの危険を知らせる情報が届くのに、それ以外の団体や組織に属している子どもや保護者にはその情報が届かない、ということはぜひとも避けたい事態です。

一方で、edumapプロジェクトは公的資金を受けていないため、一気にすべての方に無償でサービスを提供すると、サービスの持続性が担保できなくなるリスクが生じます。そこで、現状では学校以外の団体で利用されたい場合には、有償サービスの申込みが必要になります。

ただし、edumapを運営している「教育のための科学研究所」では上記のような認識のもと、できるだけ早期にすべての子どもと保護者に必要な情報が届くように全力を尽くしてまいります。

## 2.5　教育委員会用管理ツールを後から利用したい

本書で繰り返しお伝えしてきたように、edumap は自治体の教育委員会や、社会福祉法人、学校法人が申込み、所管する学校のウェブサイト登録を申請することを前提として提供しています。ただ、様々な事情があって自治体としてはすぐに申請をする決断ができない、ということもあるでしょう。そのような場合は、学校単独でも申込みができるようにしています。

自治体内の学校が続々 edumap に参加した後に、教育委員会として edumap に参加している学校を管理する「コックピット機能」（各学校へのアクセス数、更新頻度、イベント予定等を画面から把握する機能）を利用したくなった場合には、それぞれの学校を教育委員会の下に「まとめる」作業が必要になります。

この作業を行うには、システム上の作業はもとより、契約をしたそれぞれの学校と契約のし直しといった法的作業などが発生するため、個別に参加した学校を後から教育委員会の下に「まとめる」には、費用がかかります。学校数や学校の運用状況などによりかかる費用が異なるため、見積もりについては「問い合わせフォーム」にてご相談ください。

本書で紹介した、「栗矢市立第一小学校」の事例のように、たとえ一つのパイロット校から edumap を利用する場合でも、教育委員会として申し込むと、後に追加の費用が発生することはありません。

# ユーザの声

実際に edumap を使っているユーザの声や、実例を紹介します。

## User's voice

今まではの手渡しのおたよりだけだったので、登園されていない保護者への連絡が電話だけになることが多かったです。
新型コロナウイルス感染症対策で急な連絡事項がありましたが、スマートフォンからもアクセスしてもわかりやすいedumap のお知らせ機能やキャビネットに PDF のおたよりを置いておくことで、**保護者への正確な情報伝達ができた**のがよかったです。

## 活用事例 1

## edumap のいいところ TOP3

**1位　すぐに情報を発信できる**

**2位　スマホでも PC と同じ情報が見られる**

**3位　学校ウェブサイトのひな型が使いやすい**

## User's voice

本校の以前のホームページは、学校外からは写真のアップができなかった。修学旅行等の学校外からの**タイムリーな情報公開**ができてよかった。

## User's voice

タグの知識を必要としない上に、ホームページ・ビルダーと違い**インターネット上への公開までの手順が少ない**ことに便利さを感じます。
特にスマートフォンからもホームページ更新ができることから、校外行事の最中に適宜ホームページの更新が可能であり、**最新情報を常に発信することができる**ことが非常に素晴らしく思います。

## 活用事例 2

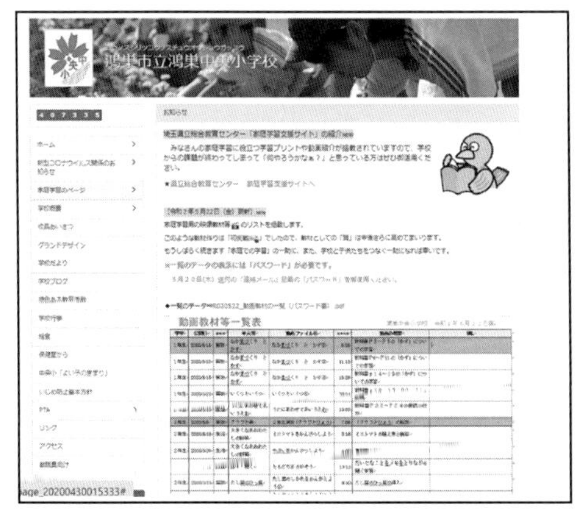

## User's voice

新型コロナウイルスによる休校中に edumap でホームページを作成した。移行まで時間がかかるだろうと考えていたが、**作成が簡単で、すぐに移行できた**。職員それぞれのパソコンで作成することができるため、全学年が児童へのメッセージを作成しホームページに掲載した。宿題の漢字の覚え方を動画で掲載したり、パワーポイントで作成した漢字の部首クイズ、県内市町名クイズなども掲載。学校再開が決まった後は、先生たちのメッセージをつないだメッセージ動画を掲載。**閲覧数がかなりアップ**した。掲載がどこからでもできるため、情報を早く提供することができ、**こまめにホームページを確認する保護者が増えた**。

## 人気プラグイン TOP3

1位　ブログ
2位　お知らせ
3位　カレンダー、キャビネット

## 活用事例 3

## User's voice

現在、学校ホームページを edumap に切り替え中ですが、ホームページ担当者向けの説明会において、これまでの CMS よりも**機能の使い方がわかりやすい**との声が多く聞かれました。新型コロナウイルスへの対応のため、学校ホームページの情報伝達に果たす役割が大きくなっており、edumap を有効に活用してまいりたいと考えております。

本アンケートは、申し込まれた教育委員会を単位として 2020 年 5 月 24 日から 31 日にかけて実施されました。

## User's voice

当法人がedumapプロジェクトとご一緒させていただくようになったキッカケは「施設数増加に伴うホームページ作成業務、更新業務の手間を最小限にしたい」ということに加え、「各保育園独自の情報発信の強化」「緊急情報の迅速な入手、発信」でした。当法人の関連施設では、交番襲撃事件や刃物男の逃走事件に伴う突然の休園要請を経験していました。ちょうど、そのタイミングで、edumapプロジェクトを知りました。従来のホームページは仮想的な世界の中にそれぞれ独立して存在していますが、実際の地理的な位置情報を使って近隣の施設などと情報共有できるedumapは我々の法人には不可欠だと確信しました。

そこで、2020年4月に新たに5園が開園するにあたり、

1）まず、新設園のホームページは最初からedumapで構築する

2）既存の20余園のホームページは順次edumapに移行する

という計画を立てて、2020年のedumapの申込み開始を待っていました。

そんな中、年明け早々に起こったのが「新型コロナウイルス感染症対策」問題。そこでedumapならではの機能を享受することになりました。各園から重要なお知らせなどを掲載し、さらに頻繁に更新する必要がありました。加えて、「多言語」での情報発信です。当法人の運営園では現在7施設の約15家庭が外国語を母国語とされています。そのため、ブラウザの機械翻訳ツールと連携できるedumapへのホームページ移行も前倒しで実施することにしました。日本語に限らず利用者が希望する言語でedumap上の「新型コロナウイルス関連情報」を確認できたことは、園児たちの安全・安心つながりました。

これだけの機能をそなえていることに加えて、SaaS（Software as a Service）として日々のサーバ管理からも解放され、ホームページの活用に注力できる。決して無償だから使うのではないことを、多くの人に知ってもらいたいと思っています。

本当にありがとうございました。

社会福祉法人くじら

理事長　田﨑　耕太郎（たさき　こうたろう）

# おわりに

国立情報学研究所社会共有知研究センターの研究開発プロジェクトとして、2005年から教育機関向けのCMSであるNetCommonsをオープンソースとして提供してきました。NetCommonsが無償であることもあり、どちらかというと財政が厳しい自治体で採用されることの多いCMSです。導入するときにも業者には頼らず、県の教育センターの情報の先生方が、センターで余っているサーバにインストールすることが少なくありませんでした。気づくと、NetCommonsは2000を超える教育機関に導入されていました。

そんな中、東日本大震災が私たちを襲いました。被災地の中でも、福島、岩手、宮城はNetCommonsのヘビーユーザでした。計画停電の対象となった埼玉、千葉、茨城にもNetCommonsをウェブサイトとして活用する学校が数百ありました。被災地では、教育委員会や教育センター内に設置したサーバ自体が倒れたり、停電で動かなかったりすることが少なくありません。計画停電の対象になり、朝5時に数十のサーバに電源を入れ、NetCommonsの環境を再起動し、夕方にまたシャットダウンするという作業に追われた指導主事の方もいらっしゃいました。

私は、自分の研究室から、いつ岩手の、福島のNetCommonsが稼働し始めるか、日々チェックし続けました。両県の教育センターのNetCommonsが稼働した日の嬉しさを忘れることができません。けれどもその2台のNetCommonsは辛い情報を伝達する手段にもなりました。岩手県教育センターではどのサーバよりも先にNetCommonsを復旧した上で、バンに緊急物資と電源装置を搭載し、山越えをして沿岸部に向かいました。沿岸部の被災状況を携帯電話経由でNetCommonsのグループウェアに報告するためです。○○高校は三階まで津波の被害、○○小学校は遺体安置所になっている、行方不明の児童何名、教職員何名、そうした情報が次々にNetCommonsにアップされていったそうです。福島第一原発の危機に直面した福島の状況は更に長く厳しいものになりました。児童生徒、教員がそれぞれ避難した先で、学校を再開させなければならなかったからです。五つ以上の場所に別れたまま再開しなければならない高校もありました。そういう中で、どうやって中間テストをするのか、それぞれの場所で学習進度はそろっているのか、その情報を共有するためにNetCommonsが活用されました。また、教育センターでは、地震により建物が被災し、通常の集合研修を行うことができませんでした。そこで、研修用の教科ごとのグループルームを準備し、新採用教員研修や経験者研修に利用しました。研修課題の連絡・提出、研修者同士の情報交換はもとより、「動画モジュール」による所長挨拶の発信、理科実験動画の発信なども行いました。一堂に会することのできない中、NetCommons 2で構築されたウェブサイトは研修の要となりました。震災時でも新採用教員研修や、10年研修などの法定研修は必須です。研修用のグループルームを活用することにより、震災の中にあっても年度内に法定研修を滞りなく進めることができました。

2012年のNetCommonsユーザカンファレンスでは、被災地からこうした事例が数多く発表されました。そのときに私は決意したのです。きっとこのような災厄はまた私たちを襲うだろう。そのときに、子どもたちや教職員がどこにいても、どんな状況にあっても、「学校」を守る船を提供したい、と。

2013年、私はそのプロジェクトを「edumap」と名付けました。日本にいるすべての子どもとその子どもたちの教育を担う機関に対して、原則無償でウェブサイトとグループウェアを提供する、という途方もないプロジェクトです。とん挫しそうになったのは一度や二度ではありません。ですが、新型コロナウイルス感染拡大による全国一斉休校という、戦後の学校教育の中で前例がない事態のひと月前である2020年1月27日にedumapの正式リリースになんとか漕ぎつけることができました。

プロジェクトというものは、「始める」だけならば易いことです。重要なのは「責任を持ってサービスを提供し続ける仕組み」を考えることです。このプロジェクトの意義に共感し、プロジェクトに参加してくださったNTTデータとさくらインターネットに敬意を表し、心から感謝申し上げます。

一つの学校の関係者は多いときには数千人に上ります。災害やインフルエンザに巻き込まれると、同時刻に数千人が学校ウェブサイトにアクセスする事態が生じます。そのアクセスをいかにさばき、確実に情報を届けるか。知恵を絞ってくれた中島正平さん、坂本一憲さん、大野智之さんに感謝します。

本書の制作にあたっては、edumapを2019年から先駆的に活用してくださった川口市と鴻巣市の各学校のウェブサイトが大変参考になりました。特に、鴻巣市立鴻巣中央小学校と川口市立神根中学校にはコンテンツの提供も含めて大変お世話になりました。

また、福島県教育委員会の渡辺義和先生と加藤政記先生、そして社会福祉法人くじらの田﨑耕太郎先生には、原稿段階で多くの貴重なコメントを頂きました。感謝申し上げます。

最後に、コロナ禍の中、本書の出版を快く引き受けてくださった近代科学社の小山透さん、高山哲司さん、安原悦子さんに御礼申し上げます。

本書を手にした学校が、一日も早くedumapという船に乗ってくださいますように。共に力を合わせることで次の災厄も乗り切っていきましょう。

一般社団法人　教育のための科学研究所　代表理事・所長
新井 紀子

## 著者紹介

### 監修

#### 一般社団法人 教育のための科学研究所

「教育を科学する」ことを目標に掲げ、活動している一般社団法人。代表的な活動に、汎用的基礎的読解力を診断する「リーディングスキルテスト」の提供がある。リーディングスキルテストは、「どの科目の教科書」「どの分野の文書」も正確に読み解く力を科学的に測定するテスト。これまで小学6年生から一流企業の会社員まで20万人以上が受検。学力や仕事の能力との高い相関が見出され、導入する自治体・企業が急増している。

### 編著

#### 新井 紀子（あらい のりこ）

東京都出身。一橋大学法学部およびイリノイ大学卒業、イリノイ大学大学院数学科を経て、東京工業大学から博士（理学）を取得。専門は数理論理学。現在、国立情報学研究所社会共有知研究センター長、同 情報社会相関研究系教授。また、一般社団法人「教育のための科学研究所」代表理事・所長を務める。著書に『数学は言葉』（東京図書）、『AI vs. 教科書が読めない子どもたち』『AIに負けない子どもを育てる』（東洋経済新報社）などがある。

### 共著

#### 合田 敬子（ごうだ けいこ）

東京都出身。一橋大学大学院社会学研究科修士課程修了。国立情報学研究所社会共有知研究センター特任研究員。

#### 目黒 朋子（めぐろ ともこ）

福島県出身。一般社団法人「教育のための科学研究所」上席研究員。教員として高等学校勤務ののち、平成21年度より10年間、福島県教育センター 研究・研修部情報教育チーム勤務。その間、NetCommonsによる福島県教育センターのウェブサイト・福島県市町村ポータルサイト構築に携わり、NetCommons関連の研修講座を担当。NetCommonユーザカンファレンスでの事例発表３回。

イラスト：odangocrafty
装丁・組版：安原 悦子
編集：小山 透、高山 哲司

edumap公式マニュアル

# IT超初心者のためのedumap活用スピードガイド

2020年8月31日　初版第1刷発行

監修者　一般社団法人 教育のための科学研究所
編著者　新井 紀子
共著者　合田 敬子・目黒 朋子
発行者　井芹 昌信
発行所　株式会社近代科学社
〒162-0843 東京都新宿区市谷田町 2-7-15
電話 03-3260-6161　振替 00160-5-7625
https://www.kindaikagaku.co.jp/


ISBN978-4-7649-0616-7
印刷・製本　藤原印刷株式会社